21 世纪全国本科院校电气信息类创新型应用人才培养规划教材

电路与模拟电子技术实验指导书

主　编　唐　颖　李大军　李明明

北京大学出版社

PEKING UNIVERSITY PRESS

内容简介

本书分为 4 个部分：第 1 部分是实验的基本知识，介绍了电路与模拟电子技术实验常用的测量方法和技术；第 2 部分是电路分析基础实验，包括基尔霍夫定律实验、戴维南定律验证实验等；第 3 部分是模拟电子技术实验，包括验证型实验和设计型实验；第 4 部分是 Multisim 电路仿真软件简介，使学生学会并掌握 Multisim9.0 在电路与模拟电子技术仿真中的基本知识。另外，附录介绍了 3 个数字电路的实验，可供电工电子技术专业的学生参考使用。

本书可作为高等院校电气信息类专业及其相关专业本、专科学生的实验教材，也可供相关技术人员参考使用。

图书在版编目(CIP)数据

电路与模拟电子技术实验指导书/唐颖，李大军，李明明主编. —北京：北京大学出版社，2012.10
(21 世纪全国本科院校电气信息类创新型应用人才培养规划教材)
ISBN 978-7-301-20351-4

Ⅰ. ①电… Ⅱ. ①唐…②李…③李… Ⅲ. ①电路—实验—高等学校—教学参考资料②模拟电路—电子技术—实验—高等学校—教学参考资料 Ⅳ. ①TM13-33②TN710-33

中国版本图书馆 CIP 数据核字(2012)第 032130 号

书　　　　名：	电路与模拟电子技术实验指导书
著作责任者：	唐　颖　李大军　李明明　主编
策 划 编 辑：	程志强
责 任 编 辑：	程志强
标 准 书 号：	ISBN 978-7-301-20351-4/TN·0085
出 　版 　者：	北京大学出版社
地　　　　址：	北京市海淀区成府路 205 号　100871
网　　　　址：	http://www.pup.cn　http://www.pup6.cn
电　　　　话：	邮购部 62752015　发行部 62750672　编辑部 62750667　出版部 62754962
电 子 邮 箱：	pup_6@163.com
印 　刷 　者：	河北滦县鑫华书刊印刷厂
发 　行 　者：	北京大学出版社
经 　销 　者：	新华书店
	787 毫米×1092 毫米　16 开本　11.25 印张　252 千字
	2012 年 10 月第 1 版　2012 年 10 月第 1 次印刷
定　　　　价：	26.00 元

前　言

随着现代科学技术的飞速发展,实验已成为建立在科学理论与方法基础之上的技术和内容均十分庞大的一个知识体系。电路实验是电路课程教学中不可缺少的实践环节,目的是首先通过实验帮助学生获得必要的感性知识,进一步巩固和掌握所学的理论内容;其次通过实验培养学生的实验技能,提高他们实际动手操作的能力,锻炼他们独立分析问题和解决问题的能力;最后通过实验了解常用电工仪表的测量与使用方法,通过预习与实验操作,掌握数据处理、结果分析、编写实验报告的方法,培养学生严肃认真、实事求是的科学作风。

电路与模拟电子技术实验指导书是为提高学生的电子实验与设计能力而编写的。根据电子类学科发展的规律,面向 21 世纪人才培养的要求,并结合电子实验教学改革的具体实际,改进了原来附属于"电路分析基础"、"模拟电子技术"课程开设的电子技术实验课,将两者进行了一定程度的整合,重点培养学生的基础理论运用能力。

本书的指导思想在于培养学生掌握正确的测试方法和实验技能,主要针对电子及相关专业进行编写,着重研究常用电子测量仪器的使用和开发,并贯穿在全部实验中。特别对常用的电子测量仪器(如示波器、交流毫伏表、万用表)的使用方法进行了介绍,并对测量技术深入浅出地进行了介绍。并且对基本电子电路和基本放大电路的测试技术进行了系统的研究,包括电路分析中的基尔霍夫定理、戴维南定理、叠加定理等和模拟电子技术中的基本电路参数的测量、放大电路的测量与调试、集成运算放大器参数测量等实验内容。本书从思路到内容将各个分离的实验紧密联系在一起,并对各个单元内容实现了模块化,有利于教学内容的不断更新和优化。

由于编者水平有限,书中难免存在疏漏之处,敬请读者批评指正。

编　者
2012 年 6 月

目　　录

第1章
电路与模拟电子技术实验概述

 知识框架

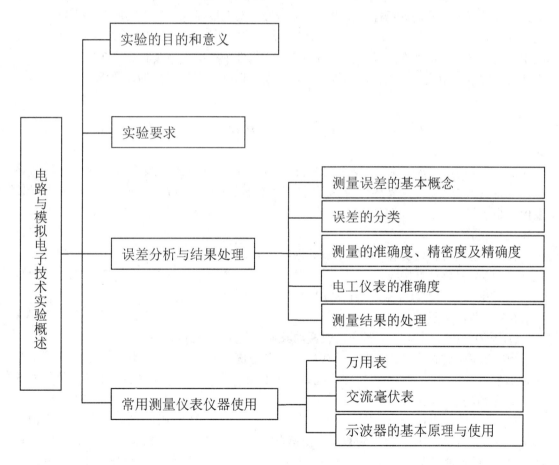

电路与模拟电子技术实验概述
- 实验的目的和意义
- 实验要求
- 误差分析与结果处理
  - 测量误差的基本概念
  - 误差的分类
  - 测量的准确度、精密度及精确度
  - 电工仪表的准确度
  - 测量结果的处理
- 常用测量仪表仪器使用
  - 万用表
  - 交流毫伏表
  - 示波器的基本原理与使用

1.1 　电路与模拟电子技术实验的目的和意义

如今电子技术日新月异，已渗透到人们生产、生活的方方面面，作为电子技术重要专业基础课程之一的电路与模拟电子技术实验，更是日益突显其重要性。电路与模拟电子技术实验课在培养学生理论联系实际的能力、动手实践的能力、创新思维的能力，以及培养学生有关电子技术测量的基本技能与知识、激发学生对电子技术的学习兴趣等方面发挥着至关重要的作用。而作为电路与模拟电子技术实验课程的指导性教材，其内容编写的合理性、科学性、内容的更新性、新颖性等将在一定程度上影响到实验课的教学效果。

本书是在对有关专业人才培养方案和教学内容体系改革进行充分调查研究和论证的基础上，以及在充分总结实践教学经验与教学成果的基础上编写而成的。本书立足于 21世纪高等教育人才的培养目标与要求，主动适应社会发展对人才培养提出的新需要，突出应用性和创新性，可选性强。实验内容的编排从传统的多为验证性的实验改为多为设计性、应用性的实验，并特别选编了一些电路新颖、实用性强的综合性实验，旨在培养学生的实践能力、综合应用能力、创新性思维能力，以适应时代对人才素质的新要求。

1.2 　实验要求

(1) 实验前，要求认真预习，完成指定预习任务。每次实验前必须认真预习实验指导书，准备预习报告，了解实验内容、所需实验仪器设备及实验数据的测试方法，并做好必要的记录表格，以备实验时做原始记录。实验时，教师要检查学生的预习情况，未预习者不得进行实验。

(2) 使用仪器和设备前，必须了解其性能、操作方法及注意事项，使用时应严格遵守。

(3) 实验时要认真接线、仔细检查，确定无误后才能接通电源。初次操作或没有把握时，应经指导教师审查同意后再接通电源。

(4) 实验注意事项。

① 学生在实验中不得随意交换或搬动其他实验桌上的器材。

② 实验仪器的使用必须严格按实验指导书中说明的方法进行操作，特别是直流电源和函数发生器的输出端切不可短路或过载。如因操作不认真或玩弄仪器设备造成仪器设备损坏，必须酌情做出赔偿。

③ 实验中若出现故障，应尽量自己检查诊断，找出故障原因，然后排除。如果由于设备原因无法自行排除故障，可以向指导教师或实验室管理人员进行汇报。

④ 实验时必须如实记录实验数据，积极思考，注意实验数据是否符合理论分析，随时纠正接线或操作错误。

⑤ 实验结束后，必须先将实验数据记录提交指导教师查阅，经教师签字后才能拆线。拆线前必须确认电源已切断。离开实验室前，必须将实验桌整理规范。

⑥ 在进行小信号放大实验时，由于所用信号发生器及连接电缆的缘故，往往在进入放大器前就出现噪声或不稳定现象，有些信号源调不到毫伏以下，实验时可采用在放大器输入端加衰减器的方法。一般可用实验箱中的电阻组成衰减器，这样使连接在电缆上的信号电平较高，不易受干扰。

⑦ 做放大器实验时，若发现波形削顶失真甚至变成方波，应检查静态工作点设置是否合适，或检查输入信号的幅值是否过大。

⑧ 实验时应注意观察，若发现有破坏性异常现象，例如，有元件冒烟、发烫或存在异味时，应立即关断电源，保护现场，报告指导教师。找出原因，排除故障，经指导教师同意后再继续实验。

⑨ 实验报告在课后完成，并在下次实验时上交。报告内容包括以下几项内容。

a. 预习报告内容。

b. 实验中观测和记录的数据和现象，根据数据得出的实验结果。

c. 实验内容要求的理论分析或图表、曲线。

d. 讨论实验结果、心得体会和意见、建议。

e. 完成思考题。

每份实验报告上还要写明实验日期并附有原始数据记录。实验报告要求书写工整、文字通顺，图表和曲线整洁。

1.3 误差分析与测量结果的处理

1.3.1 测量误差的基本概念

1. 测量与比较

测量的方式主要有以下两种。

(1) 直接测量：如用米尺量桌子可直接知道桌子的长度。

(2) 间接测量：根据直接测量的数据，通过一定的函数关系，计算求得结果的测量方法。

静态测量与动态测量：按照被测量信号在测量过程中的状态是否随时间变化，判断是静态还是动态，是稳态过程还是瞬态过程。

2. 误差与测量的质量

真值：在一定时空条件下，某物理量的理想值，表达为 A。真值仅为理想概念，可以用修正过后测量值的算术平均值代替。

误差的表达方法主要包括以下 3 种。

(1) 绝对误差：测量值与被测量物理量真值的差。

(2) 显示值相对误差：绝对误差与真值的百分比。

(3) 测量值相对误差：绝对误差与测量值的百分比。

1.3.2 误差的分类

系统误差: 系统误差又称为可测误差或规律误差,它是指偏离测量规定的条件或测量方法所导致的、按某些确定规律变化的误差。这类误差的特征是:在所处测量条件下,误差的绝对值和符号保持恒定,或遵循一定的规律变化(大小和符号都按一定规律变化)。根据误差出现的规律性,系统误差可分为误差值和符号不变的恒定误差与误差值大小和符号变化的变值误差。系统误差主要来源于测量仪器本身精度、操作流程、操作方式、环境条件。

随机误差: 随机误差又称未定误差,它是指在实际测量条件下,多次测量同一值时,绝对值和符号以不可预知方式变化的误差。这种误差出现的规律性很复杂,只能用统计的方法找出误差的大小和出现次数之间的数字关系,即找出误差的分布规律。当测量次数不断增加时,其误差的算术平均值趋向于零。从概率论和数理统计学的观点可以认为这类误差是在测量条件下的随机事件。从概率观点来看,它是围绕测量结果的算术平均值(数学期望)周围随机变化的部分。要分析这类误差,必须了解它的概率分布规律,经典的误差理论认为,随机误差出现的概率分布为正态分布,并在这一前提下建立了随机误差的统计分析方法。随机误差主要来源于测量中的随机因素,如实验装置操作上的变动性、观测者的判断和估计读数上的变动性等。

过失误差: 过失误差又称粗大误差或操作误差,它是指不能正确测量而导致严重歪曲测量结果的误差,其误差值超过规定条件下预期值的误差大小。过失误差是由于测量中出现的过失所致的,主要原因有 3 个:测量者主观疏忽或因客观条件突变而测量者未能及时加以纠正,导致读数、记录或计算出错;使用的测量仪器本身有缺陷而测量者未能发现;测量者操作测量仪器的方法有误。过失误差可以根据误差理论判断出来,含有过失误差的测量数据应在数据处理时予以剔除,否则测量结果将不真实,即与真值有较大的偏差。

1. 线性函数误差传递的一般法则

直接测量值: $z_1, \cdots, z_m$

直接测量值的误差: $\Delta z_1, \cdots, \Delta z_m$,其中 $\Delta z_i = z_i - z_0$。

间接测量值 y 为 z 的线性函数:

$$y = \sum_{i=1}^{m} a_i z_i \tag{1-1}$$

$$\Delta y = \sum_{i=1}^{m} a_i \Delta z_i \tag{1-2}$$

y 的绝对误差:

$$\Delta y = \sqrt{\sum_{i=1}^{m} a_i^2 \Delta z_i^2} \tag{1-3}$$

相对误差:

$$\frac{\Delta y}{y} = \sqrt{\sum_{i=1}^{m} a_i^2 \left(\frac{\Delta z_i}{y}\right)^2} \tag{1-4}$$

标准误差：

$$\sigma_y = \sqrt{\sum_{i=1}^{m} a_i^2 \sigma_i^2} \tag{1-5}$$

2. 非线性函数的误差传递函数

$$y = f(z_1, \cdots, z_m) \tag{1-6}$$

将 y 在 Δy 附近做 Taylor 展开，且取一次近似：

$$y + \Delta y = y + \sum_{i=1}^{N} \frac{\partial f}{\partial z_i} \Delta z_i \tag{1-7}$$

则绝对误差：

$$\Delta y = \sum_{i=1}^{m} \frac{\partial f}{\partial z_i} \Delta z_i \tag{1-8}$$

或

$$\Delta y = \sqrt{\sum_{i=1}^{m} (\frac{\partial f}{\partial z_i} \Delta z_i)^2} \tag{1-9}$$

相对误差：

$$\frac{\Delta y}{y} = \sqrt{\sum_{i=1}^{m} (\frac{\partial f}{\partial z_i})^2 (\frac{\Delta z_i}{y})^2} \tag{1-10}$$

标准误差：

$$\sigma_y = \sqrt{\sum_{i=1}^{m} (\frac{\partial f}{\partial z_i} v_i)^2} \tag{1-11}$$

其中，$\dfrac{\partial f}{\partial z_i}$ 是直接测量误差的传递函数。

1.3.3　测量的准确度、精密度及精确度

1. 准确度

指被测量的测量值与真值接近的相对程度可表示为

$$\beta = \Delta / A \times 100\% \tag{1-12}$$

式中：Δ 为绝对误差；A 为被测量的真值；β 为准确度(相对误差)。

影响准确度的因素是系统误差。如在电路测量中，电路的连接方式、仪表等级、依据的理论都影响测量的准确度。若想提高测量的准确度，必须在克服系统误差上下功夫。

2. 精密度

精密度指多次测量结果之间的差异程度。精密度高表示测量系统抗干扰能力强，精密度用来表示随机误差的大小。

例：用两块电表分 3 次测量真值为 10V 的电压。

第一块电表测量值为：8.95V、8.951V、8.949V。

第二块电表测量值为：9.90V、9.85V、9.95V。

从测量数值上看，第一块电表的结果与真值的差异均比第二块电表大，但 3 次结果之间的差异小，所以第一块电表的精密度比第二块高。

3. 精确度

精密度和准确度总称为精确度。通常说某台仪器精确度高，就是指它既精密又准确。但精密度和准确度是两个不同的概念，精密度高不等于准确度高。

1.3.4 电工仪表的准确度

1. 仪表的满度相对误差

以仪表的满度相对误差 β_m 表示仪表的准确度。仪表的满度相对误差是仪表各指示值中最大绝对误差 Δ_m 与仪表满度值 A_m 之比的百分数。

$$\beta_m = \Delta_m / A_m \times 100\% \tag{1-13}$$

国际规定仪表的准确度等级共分为七级，分别是：0.1、0.2、0.5、1.0、1.5、2.5、5.0。如：$\beta_m = \pm 1.0\%$ 的仪表为 1.0 级表。

2. 测量时如何选择仪表

测量的结果是否准确不仅取决于仪表的等级，还与其量程有关。不同等级的仪表由于量程不同，可以得到同样的效果。选用仪表的原则：①满足测量准确度的要求；②出于经济效益的考虑，能用低级仪表做的实验，就不用高级仪表。在同等级仪表中，量程小的仪表的测量结果比较准确。选用指针式仪表时，测量值应大于仪表量程的 1/2 以上。

注：(1) 信号接入电路时，应先接地，再接信号端；撤离时反之。

(2) 小信号大衰减，大信号不衰减。

(3) 信号源可先接入电路中，再调输出信号。

(4) 稳压电源先不接入电路，等调好电压后，再接入电路中。

1.3.5 测量结果的处理

1. 有效数字

定义：有效数字是指实际上能测量到的数值，在该数值中只有最后一位是可疑数字，其余的均为可靠数字。有效数字的实际意义在于它能反映出测量时的准确程度。

在确定有效数字位数时，特别需要指出的是，用数字"0"来表示实际测量结果时，它便是有效数字。

当测量误差已知时，测量结果的有效数字位数应与该误差位数一致。若仪器误差为 $\pm 0.1Pa$，则测量结果可表达为 $57.5 \pm 0.1Pa$，小数点后的 5 是估计值。

有效数字的表示方法有如下两种。

普通计数法：6371

科学计数法：$6.371 \times 10E^3$ 或 6.371×10^3

2. 实验结果的数据处理

按实验先后顺序排列数据，求算术平均值：

$$\bar{x} = \frac{1}{N} \sum_{i=1}^{N} x_i \tag{1-14}$$

计算残差：

$$v_i = x_i - \bar{x} \tag{1-15}$$

理论上，

$$\sum_{i=1}^{N} v_i = 0$$

计算标准误差(用贝塞尔公式)：

$$\sigma = \sqrt{\frac{1}{N-1} \sum_{i=1}^{N} v_i^2} \tag{1-16}$$

实验不确定度：

$$\Delta = \sigma + \Delta B \tag{1-17}$$

实验结果的最后表达式：

$$x = \bar{x} \pm \Delta \tag{1-18}$$

1.4　常用测量仪表仪器使用简介

1.4.1　万用表

DT890B+具有全量程、全功能自动调零、自动极性指示、过量程指示、电源欠压指示和保护功能。它可以用来测量直流电压、直流电流、交流电压、交流电流、电阻、电容、二极管、晶体管 hFE 等。

1. 主要技术指标

1) 测量范围

(1) 直流电压：$100\mu V \sim 1000V$。

(2) 交流电压：$100\mu V \sim 700V$。

(3) 直流电流：$1\mu A \sim 10A$。

(4) 交流电流：$1\mu A \sim 10A$。

(5) 电阻：$0.1\Omega \sim 200M\Omega$。

(6) 电容：$1pF \sim 20\mu F$。

(7) 晶体管 hFE：$0 \sim 1000$。

2) 准确度

(1) 直流电压：±0.5%～±0.8%，读数±1～±2 字。

(2) 交流电压：±0.5%～±1%，读数±3 字。

(3) 直流电流：±0.8%～±2%，读数±1～±5 字。

(4) 交流电流：±1.0%～±3%，读数±3～±7 字。

(5) 电阻：±0.8%～±5%，读数±1～±10 字。

(6) 电容：±2.5%，读数±3 字。

3) 工作条件

(1) 环境温度：23℃±5℃。

(2) 相对湿度：＜75%。

(3) 工作频率：40～400Hz。

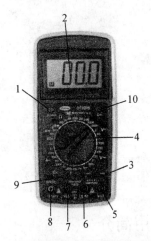

图 1.1　DT890B+数字万用表面板示意图

2. 面板图

DT890B+数字万用表的面板如图 1.1 所示，各部件名称如下所示。

① 电源开关。

② 显示屏。

③ hFE 测试座。

④ 功能及量程转换开关。

⑤ 电压与电阻测试插口。

⑥ 公共插口。

⑦ 电流测试插口。

⑧ 10A 电流测试插口。

⑨ 电容测试插口。

⑩ 数据保持。

3. 使用方法

1) 直流(DC)和交流(AC)电压测量

(1) 将红色测试笔插入"V/Ω"插口中，黑色笔插入"COM"插口中。

(2) 将功能量程选择开关置于 DCV(直流电压)或 ACV(交流电压)相应的位置上，如果被测电压超过所设定的量程，显示屏会出现最高位"1"，此时应将量程调高一档，直至得到合适的读数。

注意：当输入端开路时，显示器可能有数字出现，尤其在 200mV 和 2V 档上，这是正常的。但如果将两个测试笔相互短路，显示器应显示零。

2) 直流(DC)电流和交流(AC)电流测量

(1) 将红色测试笔插入"A"插口(最大电流 200mA)或"10A"插口(最大 10A，测量时间最长 10s)。

(2) 将量程功能选择开关转到 DCA(直流电流)或 ACA(交流电流)相应位置上，并将测试笔串入被测电路中。

3) 电阻测量

(1) 将红色测试笔插入"V/Ω"插口中，黑色笔插入"COM"插口中。

(2) 将功能量程选择开关置于 OHM(欧姆)相应的位置上，将两个测试笔跨接在被测电阻的两端，即可得到电阻值。

用 200MΩ 量程进行测量时须注意：

① 在此量程测量时，两个测试笔短路时的读数为 1.0，是正常的，此读数是一个固定的偏移值，如被测电阻为 100MΩ 时读数为 101.0、被测电阻为 10MΩ 时读数为 11.0，正确的阻值是显示读数减去 1.0。

② 测量高阻值电阻时应尽可能将电阻直接插入"V/Ω"和"COM"中，长线在高阻抗测量时容易感应干扰信号使读数不稳。

4) 电容测量

将被测电容插入电容插座中，将量程功能选择开关置于 CAP(电容)相应量程上，就可测出电容值。

注意：未插入被测电容时，尤其是量程功能开关由其他功能转入电容量程时，显示器读数可能不为零，须经过一段时间才能回零，但不必理会是否已经回零，插入被测电容后，不会影响精度。

5) 晶体管测量

将量程功能开关转到 hFE 位置，将被测晶体管 PNP 型或 NPN 型的发射极、基极和集电极的脚插放到相应的 E、B、C 插座中，即得 hFE 参数。测试条件为 $V_{CE} \approx 3V, I_b \approx 10\mu A$。

6) 二极管及其通断测量

(1) 将红色测试笔插入"V/Ω"插口中，黑色笔插入"COM"插口中。

(2) 将量程功能开关转到 ⊣⊢ 位置上，将红笔接在二极管正极上，黑笔接在二极管负极上，显示器就显示出二极管的正向导通压降，单位为 mV，电流为 1mA。如测试笔反接，显示器显示"1"，则表示超过量程，否则表明此二极管反向漏电流大。用来测量通断状态时，如被测量点间的电阻低于 30Ω 时，蜂鸣器会发出声音表示导通状态。

7) 注意事项

(1) 当测量电流时，若显示器没有显示数字，则应检查保险丝。在打开电池盖更换保险丝前，应先将测试笔脱离被测电路，以免触电。

(2) 当显示器出现"LOW BAT"时，表明电池电压不足，应予以更换。

(3) 用完仪表后，应关断电源。

1.4.2　交流毫伏表

晶体管毫伏表具有输入阻抗高、输入电容小、工作频带宽、测量电压范围广、灵敏度高和刻度线性等优点，主要用于测量不同频率的正弦波交流电压并以正弦交流有效值表示。

1. 主要技术指标

(1) 测量电压范围：100μV～300V。

量程有：20mV、200mV、2V、200V、600V，共 5 档。

(2) 测量电压范围：0.2mV～600V。

(3) 被测电压频率范围：10Hz～2MHz。

(4) 固有误差：≤±1%(基准频率 1kHz)。

(5) 频率响应误差：100Hz～100kHz≤±3%，20Hz～1MHz≤ ±5%。

(6) 工作误差极限：≤±8%。

图 1.2　KH-DD 型晶体管毫伏表的面板图

(7) 输入阻抗：在 1kHz 时，输入电阻大于 1MΩ。

在 1mV～0.3V 各档时，输入电容约 70pF。

在 1V～300V 各档时，输入电容约 50pF。

注意：以上误差均为满度值之百分比。

2. 面板图

KH-DD 型交流数字毫伏表面板如图 1.2 所示。

3. 使用方法

KH-DD 型晶体管毫伏表的使用方法如下：

(1) 接通电源前应将毫伏表的输入端短接，根据被测电压的大小选择合适的量程，通电后进行零点调节，使数字归零。`

(2) 若未知被测电压的大小，应先将毫伏表的量程转换开关旋转到最大量程档位，再根据表的指示转到合适的量程，切勿使用低压档去测高压，以免损坏仪表。

(3) 在测量毫伏级低电压时，应将量程开关置于 2V 以上档位，先接地线再接测量线，然后再将转换开关旋到合适的毫伏档位进行测量，测量完毕后应将转换开关转回到 2V 以上高压档，再依次取出测量线和地线，以防止干扰电压引入输入端，影响测量结果的准确性。

(4) 用毫伏表测量工频电压时，相线(红线)接输入端，中线(黑线)接地，不能接反。测量 36V 以上电压时，由于机壳是带电的，故要注意安全。

(5) 毫伏表的读数是按正弦波有效值度量的，故不宜测量非正弦的交流电压。

(6) 所测交流电压中的直流分量不得超过 600V。

(7) 测量精度以毫伏表表面垂直放置为准。

(8) 注意事项。

① 在毫伏表的量程范围内使用时，由于毫伏表的灵敏度高，即使测量端开路，外界的感应电压也可能使读数不为 0，因此测量完毕后应将输入端短接或将量程选择开关拨至较大量程。

② 测量时应分清测试线的信号端和接地端，否则会影响测量的准确度。测试完毕拆线时，应先拆信号端，后拆接地端。

1.4.3　示波器的基本原理与使用

DS1062C 数字示波器有如下几个特点。

(1) 双模拟通道，每通道带宽 60MB。

(2) 16 个数字通道，可独立接通或关闭通道，或以 8 个为一组接通或关闭(混合信号示波器)。

(3) 高清晰彩色/单色液晶显示系统，分辨率为 320×234。

(4) 支持即插即用 USB 存储设备和打印机，并可通过 USB 存储设备进行软件升级。

(5) 自动波形、状态设置(AUTO)。

(6) 波形、设置、CSV 和位图文件存储以及波形和设置再现。

(7) 精细的延迟扫描功能，轻易兼顾波形细节与概貌。

(8) 自动测量 20 种波形参数。

(9) 自动光标跟踪测量功能。

(10) 独特的波形录制和回放功能。

(11) 支持示波器快速校准功能。

(12) 内嵌 FFT。

(13) 实用的数字滤波器，包含 LPF、HPF、BPF、BRF。

(14) Pass/Fail 检测功能，具有光电隔离的 Pass/Fail 输出端口。

(15) 多重波形数学运算功能。

(16) 边沿、视频、斜率、脉宽、交替、码型和持续时间(混合信号示波器)触发功能。

(17) 独一无二的可变触发灵敏度，适应不同场合下的特殊测量要求。

(18) 多国语言菜单显示。

(19) 弹出式菜单显示，用户操作更方便、直观。

(20) 中英文帮助信息显示。

(21) 支持中英文输入。

用户指南：

1. 初步了解 DS1062C 的前面板(图 1.3、图 1.4)和用户界面(图 1.5)

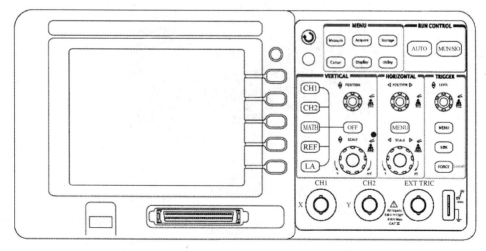

图 1.3　DS1062C 系列示波器前面板

DS1062C 向用户提供简单且功能明晰的前面板，以进行基本的操作。面板上包括旋钮和功能按键。旋钮的功能与其他示波器类似。显示屏右侧的一列 5 个灰色按键为菜单操作键(自上而下定义为 1 号至 5 号)，通过它们可以设置当前菜单的不同选项。其他按键(包括彩色按键)为功能键，通过它们可以进入不同的功能菜单或直接获得特定的功能应用。

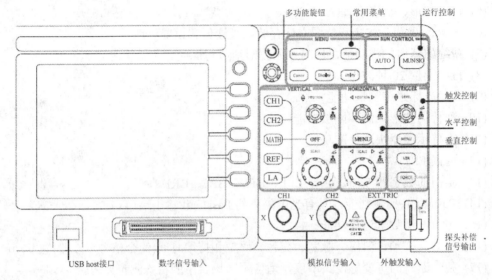

图 1.4　DS1062C 面板操作说明图

本书对于按键的文字表示与面板上按键的标识相同。值得注意的是，功能键的标识用一个四方框包围的文字表示，如 MEASURE 代表前面板上的一个上方标注着 MEASURE 文字的灰色功能键。与其类似，菜单操作键的标识用带阴影的文字表示，如波形存储表示存储菜单中的存储波形选项。

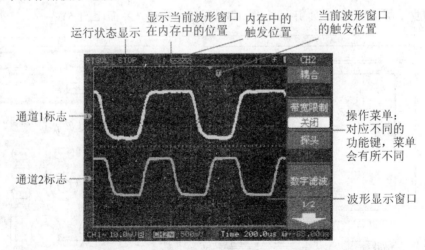

图 1.5　显示界面说明图

2. 一般性检查

当得到一台新的 DS1062C 示波器时，建议按以下步骤对仪器进行检查。

1) 检查是否存在因运输造成的损坏

如果发现包装纸箱或泡沫塑料保护垫严重破损，请先保留，直到整机和附件通过电性和机械性测试。

2) 检查附件

关于提供的附件明细，在说明书所述的"DS1062C 示波器附件"项目中已经进行了说明，用户可以参照此说明书检查附件是否有缺失。

如果发现附件缺少或损坏，应和负责此业务的 RIGOL 经销商或 RIGOL 的当地办事处联系。

3) 检查整机

如果发现仪器外观破损、仪器工作不正常，或未能通过性能测试，应和负责此业务的 RIGOL 经销商或 RIGOL 的当地办事处联系。

如果是因运输造成的仪器损坏，应注意保留包装，通知运输部门和负责此业务的 RIGOL 经销商，RIGOL 会安排维修或更换。

3. 功能检查

做一次快速功能检查，以核实仪器运行是否正常，按如下步骤进行检查。

1) 接通仪器电源

用户可通过一条接地主线操作示波器，电线的供电电压为 100V(AC)至 240 V(AC)，频率为 50Hz。接通电源后，仪器执行所有自检项目，确认通过自检后，按 STORAGE 键(图 1.6)，用菜单操作键从顶部菜单框中选择存储类型，然后调出出厂设置菜单框。

警告：为避免电击，应确认示波器已经正确接地。

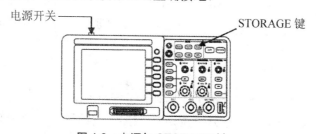

图 1.6　电源与 STORAGE 键

2) 示波器接入信号

DS1062C 系列为双信道输入加一个外触发输入通道的数字存储示波器。

注意：为了避免损坏仪器，应确认在输入阻抗为 1MΩ 时，输入信号的峰值小于 400V(DC＋AC Peak)；输入阻抗为 50Ω 时，输入信号的有效值小于 5V。

按照如下步骤接入信号。

① 用示波器探头将信号接入通道 1(CH1)：将探头上的开关设定为 10X(图 1.7、图 1.8)，并将示波器探头与通道 1 连接。将探头连接器上的插槽对准 CH1 同轴电缆插接件(BNC)

上的插口并插入，然后向右旋转以拧紧探头。

② 需要向示波器输入探头衰减系数。此衰减系数改变仪器的垂直档位比例，从而使得测量结果正确反映被测信号的电平。默认的探头菜单衰减系数设定值为 10X。

设置探头衰减系数的方法：按 CH1 功能键显示通道 1 的操作菜单(图 1.9)，应用与探头项目平行的 3 号菜单操作键，选择与用户使用的探头同比例的衰减系数(此时设定应为 10X)。

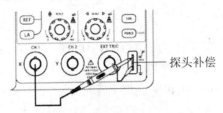

图 1.7　用示波器探头将信号接入通道 1

图 1.8　探头衰减系数设定值为 10X　　图 1.9　通道 1 的操作菜单

③ 将探头端部和接地夹接到探头补偿器的连接器上。按 AUTO(自动设置)键。几秒钟后，可见到方波显示(1kHz，约 3V，峰峰值)。

④ 以同样的方法检查通道 2(CH2)。按 OFF 功能键以关闭通道 1，按 CH2 功能键以打开通道 2，重复步骤 2 和步骤 3。

4. 探头补偿

在首次将探头与任意一条输入通道连接时，进行此项调节，使探头与输入通道相配。未经补偿或补偿有偏差的探头会导致测量误差或错误。若要调整探头补偿，应按如下步骤进行。

(1) 将探头菜单衰减系数设定为 10X，将探头上的开关设定为 10X，并将示波器探头与通道 1 连接。如使用探头钩形头，应确保与探头接触紧密。将探头端部与探头补偿器的信号输出连接器相连，基准导线夹与探头补偿器的地线连接器相连，打开通道 1，然后按 AUTO 键。

(2) 检查所显示波形的形状。

不同探头补偿效果的波形如图 1.10 所示。

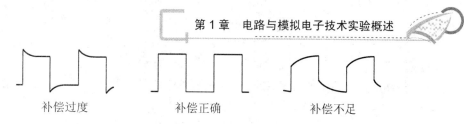

补偿过度　　　　　补偿正确　　　　　补偿不足

图 1.10　不同探头补偿效果波形

(3) 如必要，用非金属质地的改锥调整探头上的可变电容，直到屏幕显示的波形如图 1.10 中所示的"补偿正确"为止。

(4) 必要时，重复以上步骤。

警告：为避免使用探头时被电击，请确保探头的绝缘导线完好，并且在连接高压源时不要接触探头的金属部分。

5. 波形显示的自动设置

DS1062C 系列示波器具有自动设置的功能。根据输入的信号，可自动调整电压倍率、时基以及触发方式至最好形态显示。应用自动设置要求被测信号的频率大于或等于 50Hz，占空比大于 1%。

使用自动设置：

(1) 将被测信号连接到信号输入通道。

(2) 按下 AUTO 键。

示波器将自动设置垂直、水平和触发控制。如需要，可手动调整这些控制使波形显示达到最佳。

6. 初步了解垂直系统

如图 1.11 所示，在垂直控制区(VERTICAL)中有一系列的按键、旋钮。下面的练习逐渐引导操作者熟悉垂直设置的使用。

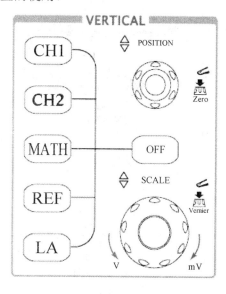

图 1.11　垂直控制区(VERTICAL)的按键、旋钮

(1) 使用垂直 POSITION 旋钮在波形窗口居中显示信号。

垂直 POSITION 旋钮控制信号的垂直显示位置。当转动垂直 POSITION 旋钮时,指示通道地(GROUND)的标识跟随波形上下移动。

测量技巧:如果通道耦合方式为 DC,用户可以通过观察波形与信号地之间的差距来快速测量信号的直流分量。如果耦合方式为 AC,信号里面的直流分量被滤除。这种方式方便用户用更高的灵敏度显示信号的交流分量。

(2) 改变垂直设置,并观察因此导致的状态信息变化。

可以通过波形窗口下方的状态栏显示的信息确定任何垂直档位的变化。转动垂直 SCALE 旋钮改变"Volt/div(伏/格)",垂直档位可以发现状态栏对应通道的档位显示发生了相应的变化。

按 CH1、CH2、MATH、REF 键时,屏幕显示对应通道的操作菜单、标志、波形和档位状态信息。按 OFF 键关闭当前选择的通道。

注意:OFF 键具备关闭菜单的功能。当菜单未隐藏时,按 OFF 键可快速关闭菜单。如果在按 CH1 或 CH2 键后立即按 OFF 键,则同时关闭菜单和相应通道。

Coarse/Fine(粗调/细调)快捷键:切换粗调/细调不但可以通过菜单操作,还可以通过旋转垂直 SCALE 旋钮作为设置输入通道的粗调/细调状态的快捷键。

7. 初步了解水平系统

如图 1.12 所示,在水平控制区(HORIZONTAL)有一个按键、两个旋钮。下面的练习逐渐引导操作者熟悉水平时基的设置。

(1) 使用水平 SCALE 旋钮改变水平档位设置,并观察因此导致的状态信息变化。转动水平 SCALE 旋钮改变"S/div(秒/格)"水平档位,可以发现状态栏对应通道的档位显示发生了相应的变化。水平扫描速度从 1ns 至 50s,以 1—2—5 的形式步进,在延迟扫描状态下可达到 10ps/div。

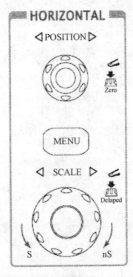

图 1.12　水平控制区(HORIZONTAL)的按键、旋钮

Delayed(延迟扫描)快捷键：水平 SCALE 旋钮不但可以通过转动调整"S/div(秒/格)"，还可以按下 Delayed 键切换到延迟扫描状态。

注意：示波器型号不同，其水平扫描和延迟扫描速度也有差别。

(2) 使用水平 POSITION 旋钮调整信号在波形窗口的水平位置。

水平 POSITION 旋钮控制信号的触发位移或其他特殊用途。当应用于触发位移时，转动水平 POSITION 旋钮时，可以观察到波形随旋钮的转动而水平移动。

(3) 按 MENU 键，显示 TIME 菜单。在此菜单下，可以开启/关闭延迟扫描或切换 Y—T、X—Y 显示模式。此外，还可以设置水平 POSITION 旋钮的触发位移或触发释抑模式。

触发位移：指实际触发点相对于存储器中点的位置。转动水平 POSITION 旋钮，可水平移动触发点。

触发释抑：指重新启动触发电路的时间间隔。转动水平 POSITION 旋钮，可设置触发释抑时间。

8. 初步了解触发系统

如图 1.13 所示，在触发控制区(TRIGGER)有 1 个旋钮、3 个按键。下面的练习逐渐引导操作者熟悉触发系统的设置。

(1) 使用 LEVEL 旋钮改变触发电平设置。

转动 LEVEL 旋钮，可以发现屏幕上出现一条桔红色(单色液晶系列为黑色)的触发线以及触发标志，随旋钮转动而上下移动。停止转动旋钮，此触发线和触发标志会在约 5s 后消失。在移动触发线的同时，可以在屏幕上观察

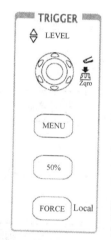

图 1.13 触发控制区(TRIGGER)的旋钮、按键

到触发电平的数值或百分比(在触发耦合为交流或低频抑制时，触发电平以百分比显示)显示发生了变化。

图 1.14 触发操作菜单

(2) 按 MENU 键调出触发操作菜单(图 1.14)，改变触发的设置，观察由此造成的状态变化。

按 1 号菜单操作按钮，选择边沿触发。

按 2 号菜单操作按钮，选择"信号选择"为 CH1。

按 3 号菜单操作按钮，设置"边沿类型"为上升沿。

按 4 号菜单操作按钮，设置"触发方式"为自动。

按 5 号菜单操作按钮，进入"触发设置"二级菜单，对触发的耦合方式、触发灵敏度和触发释抑时间进行设置。

注意：改变前三项的设置会导致屏幕右上角状态栏的变化。

(3) 按 50%键，设定触发电平在触发信号幅值的垂直中点。

(4) 按 FORCE 键，强制产生一个触发信号，主要应用于触发方式中的"普通"和"单次"模式。

第 **2** 章

电路分析基础实验

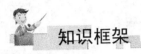 知识框架

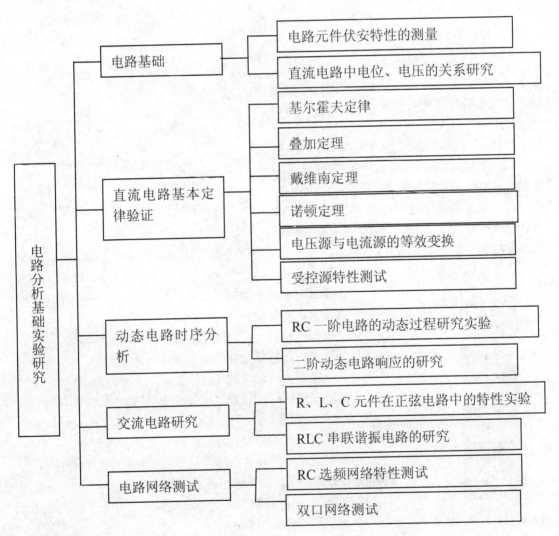

电路分析基础实验研究

- 电路基础
  - 电路元件伏安特性的测量
  - 直流电路中电位、电压的关系研究

- 直流电路基本定律验证
  - 基尔霍夫定律
  - 叠加定理
  - 戴维南定理
  - 诺顿定理
  - 电压源与电流源的等效变换
  - 受控源特性测试

- 动态电路时序分析
  - RC 一阶电路的动态过程研究实验
  - 二阶动态电路响应的研究

- 交流电路研究
  - R、L、C 元件在正弦电路中的特性实验
  - RLC 串联谐振电路的研究

- 电路网络测试
  - RC 选频网络特性测试
  - 双口网络测试

引　言

电路分析基础实验是在电路基础课程及电学实验的基础上进行的实验训练。本章通过基尔霍夫定律、叠加定理、戴维南定理、一阶电路等实例展示了电路分析的基本方法及基本原理。

2.1　电路元件伏安特性的测量

一、实验目的

(1) 学会识别常用电路和元件的方法。

(2) 掌握线性电阻、非线性电阻元件及电压源和电流源的伏安特性的测试方法。

(3) 学会常用直流电工仪表和设备的使用方法。

二、实验原理

任何一个二端元件的特性都可用该元件上的端电压 U 与通过该元件的电流 I 之间的函数关系 $I=f(U)$ 表示，即 I-U 平面上的一条曲线来表征，该曲线就是元件的伏安特性曲线。

(1) 线性电阻器的伏安特性曲线是一条通过坐标原点的直线，如图 2.1 中 a 曲线所示，该直线的斜率等于该电阻器的电阻值。

(2) 一般的白炽灯在工作时灯丝处于高温状态，其灯丝电阻随着温度的升高而增大。通过白炽灯的电流越大，其温度越高，阻值也越大。一般灯泡的"冷电阻"与"热电阻"的阻值相差几倍甚至几十倍，所以它的伏安特性曲线如图 2.1 中 b 曲线所示。

(3) 一般的半导体二极管是一个非线性电阻元件，其伏安特性曲线如图 2.1 中 c 曲线所示。其正向压降很小(一般的锗管约为 0.2~0.3V，硅管约为 0.5~0.7V)，正向电流随正向压降的升高而急剧上升，而当反向电压从零一直增加到几十伏时，反向电流增加很小，可粗略地视为零。可见，二极管具有单向导电性，但若反向电压加得过高，超过管子的极限值时，则会导致管子击穿损坏。

(4) 稳压二极管是一种特殊的半导体二极管，其正向特性与普通二极管类似，但其反向特性较特别，如图 2.1 中 d 曲线所示。在反向电压开始增加时，其反向电流几乎为零，但当电压增加到某一数值(称为管子的稳压值，有各种不同稳压值的稳压管) 时，电流将突然增加，以后它的端电压将维持恒定，不再随外加的反向电压升高而增大。注意：流过稳压二极管的电流不能超过管子的极限值，否则管子会被烧坏。

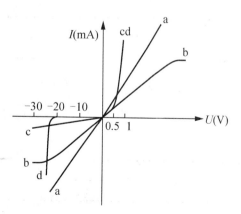

图 2.1　各种电路元件的伏安特性曲线

三、实验设备(表2-1)

表2-1 实验设备

序号	名称	型号与规格	数量	备注
1	可调直流稳压电源	0～30V 或 0～12V	1	
2	万用表		1	
3	直流数字毫安表		1	
4	直流数字电压表		1	
5	可调电位器或滑线变阻器		1	
6	二极管	2CP15(IN4007)	1	
7	稳压管	2CW51	1	
8	白炽灯	6.3V	1	
9	线性电阻	1kΩ/1W	1	

四、实验内容

1. 测定线性电阻器的伏安特性

按图 2.2 接线,调节稳压电源的输出电压 U,从 0 伏开始缓慢地增加,一直到 10V,记下相应的电压表和电流表的读数 U_R、I,并填入表 2-2 中。

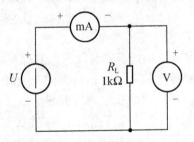

图 2.2 电路连接图

表2-2 实验数据

U_R(V)	0	2	4	6	8	10
I(mA)						

2. 测定非线性白炽灯泡的伏安特性

将图 2.2 中的 R_L 换成一只 6.3V 的汽车灯泡,重复 1 的步骤,并将读数填入表 2-3 中。

表2-3 实验数据

U_R(V)	0	2	4	6	8	10
I(mA)						

3. 测定半导体二极管的伏安特性

按图2.3接线，R 为限流电阻器。测二极管的正向特性时，其正向电流不得超过35mA，二极管 D 的正向施压 U_{D+} 可在 0～0.75V 之间取值，特别是在 0.5～0.75V 之间更应多取几个测量点，实验数据填入表 2-4。做反向特性实验时，只需将图 2.3 中的二极管 D 反接，且其反向施压 U_{D-} 可加到 30V，实验数据填入表 2-5。

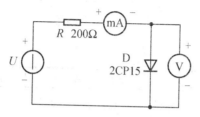

图 2.3　电路连接图

表 2-4　正向特性实验数据

U_{D+}(V)	0.10	0.30	0.50	0.55	0.60	0.65	0.70	0.75
I(mA)								

表 2-5　反向特性实验数据

U_{D-}(V)	-3	−5	−10	−20	−30	−35	−40
I(mA)							

4. 测定稳压二极管的伏安特性

将图 2.3 中的二极管换成稳压二极管，重复实验内容 3 的步骤，分别将实验数据填入表 2-6 和表 2-7，测量点自定。

表 2-6　正向特性实验数据

U_{D+}(V)							
I(mA)							

表 2-7　反向特性实验数据

U_{D-}(V)							
I(mA)							

5. 测定电压源伏安特性

按图2.4接线，调节 U 为 5V，改变 R_L 的值，测量 U 和 I 的值，记入表 2-8 中。

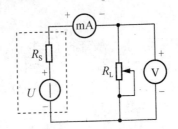

图 2.4　电路连接图

表 2-8　实验数据

$R_L(\Omega)$	100	200	300	500	600	700	800
$I(mA)$							
$U(V)$							

6. 测定电流源伏安特性

按图 2.5 接线，调节 R_L 的值，测出各种不同 R_L 值时的 I 和 U，记入表 2-9 中。

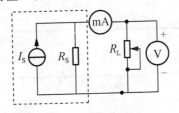

图 2.5　电路实验图

表 2-9　实验数据

$R_L(\Omega)$	100	200	300	500	600	700	800
$I(mA)$							
$U(V)$							

五、实验注意事项

(1) 测二极管正向特性时，稳压电源输出应由小至大逐渐增加，并应时刻注意电流表读数不得超过 35mA。

(2) 进行不同实验时，应先估算电压值和电流值，合理选择仪表的量程，切勿使仪表超量程，仪表的极性亦不可接错。

六、思考题

(1) 线性电阻与非线性电阻的概念是什么？电阻器与二极管的伏安特性有何区别？

(2) 设某器件伏安特性曲线的函数式为 $I = f(U)$，试问在逐点绘制曲线时，其坐标变量应如何设置？

(3) 在图 2.3 中，设 U=3V，U_{D+} = 0.7V，则毫安表的读数是多少？

(4) 稳压二极管与普通二极管有何区别？其用途如何？

七、实验报告

(1) 根据各实验数据，分别在方格纸上绘制出光滑的伏安特性曲线。(其中二极管和稳压管的正、反向特性均要求画在同一张图中，正、反向电压可取为不同的比例尺。)

(2) 根据实验结果，总结、归纳各被测元件的特性。

(3) 做必要的误差分析。

2.2　直流电路中电位、电压的关系研究

一、实验目的

(1) 验证电路中电位与电压的关系。

(2) 掌握电路电位图的绘制方法。

二、实验原理

在一个闭合电路中，各点电位的高低视所选的电位参考点的不同而改变，但任意两点间的电位差(即电压)则是绝对的，它不因参考点的变动而改变。据此性质，我们可用一只电压表来测量出电路中各点的电位及任意两点间的电压。

电位图是一种平面坐标一、四象限内的折线图，其纵坐标为电位值，横坐标为各被测点。要制作某一电路的电位图，应先以一定的顺序对电路中各被测点编号。以图 2.6 所示的电路为例，如图中有 A～F 点，在坐标轴上按顺序、均匀间隔地标上 A、B、C、D、E、F，再根据测得的各点电位值，在各点所在的垂直线上描点，用直线依次连接相邻两个电位点，即得该电路的电位图。在电位图中，任意两个被测点的纵坐标值之差即为两点之间的电压值。在电路中，电位参考点可任意选定。对于不同的参考点，所绘出的电位图形是不同的，但其各点电位变化的规律却是一样的。

在画电位图或实验测量时必须正确区分电位和电压的高低，按照惯例，以电流方向上的电压降为正，所以在用电压表测时，若仪表指针正向偏转，则说明电表正极的电位高于负极的电位。

三、实验设备(表 2-10)

表 2-10　实验设备

序号	名　称	型号与规格	数量	备注
1	可调直流稳压电源	0～30V 或 0～12V	1	
2	直流稳压电源	6V 、　12V	1	
3	万用表		1	
4	直流数字毫安表		1	
5	直流数字电压表		1	

四、实验内容

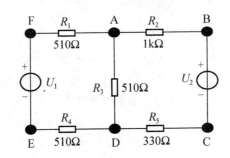

图 2.6　电路连接图

按图 2.6 接线。

(1) 分别将两路直流稳压电源接入电路，令 $U_1 = 6V$，$U_2 = 12V$。(先调整输出电压值，再接入实验线路中，电压应该用万用表测。)

(2) 以图 2.6 中的 A 点作为电位的参考点，分别测量 B、C、D、E、F 各点的电位值 V 及相邻两点之间的电压值 U_{AB}、U_{BC}、U_{CD}、U_{DE}、U_{EF} 及 U_{FA}，数据列于表 2-11 中。

(3) 以 D 点作为参考点，重复实验步骤(2)，测得的数据填入表 2-11 中。

表 2-11　实验数据

电位参考点	V 与 U	V_A	V_B	V_C	V_D	V_E	V_F	U_{AB}	U_{BC}	U_{CD}	U_{DE}	U_{EF}	U_{FA}
A	计算值												
	测量值												
	相对误差												
D	计算值												
	测量值												
	相对误差												

五、实验注意事项

(1) 本实验电路单元可设计多个实验，在做本实验时根据给出的电路图选择开关位置，连成本实验电路。

(2) 测量电位时，用万用表的直流电压档或用数字直流电压表测量时，用负表棒(黑色)接参考电位点，用正表棒(红色)接被测点，若指针正向偏转或显示正值，则表明该点电位为正(即高于参考点电位)；若指针反向偏转或显示负值，此时应调换万用表的表棒，然后读出数值，此时在电位值之前应加负号(表明该点电位低于参考点电位)。

六、思考题

若以 F 点为参考电位点，实验测得各点的电位值，现令 E 点作为参考电位点，试问此时各点的电位值应有何变化？

七、实验报告

(1) 根据实验数据，绘制两个电位图形，并对照观察各对应两点间的电压情况。两个电位图的参考点不同，但各点的相对顺序应一致，以便对照。

(2) 完成表格中的数据计算，对误差做必要的分析。

(3) 总结电位相对性和电压绝对性的结论。

2.3　基尔霍夫定律

一、实验目的

(1) 加深对基尔霍夫定律的理解,用实验数据验证基尔霍夫定律。

(2) 学会用电流表测量各支路电流。

二、实验原理

(1) 基尔霍夫电流定律(KCL)：基尔霍夫电流定律是电流的基本定律，对电路中的任意一个节点而言，流入到电路的任意一个节点的电流总和等于从该节点流出的电流总和，即应有 $\sum I = 0$ 。

(2) 基尔霍夫电压定律(KVL)：对任何一个闭合回路而言，沿闭合回路电压降的代数总和等于零，即应有 $\sum U = 0$ 。这一定律实质上是电压与路径无关性质的反映。

基尔霍夫定律的形式对各种不同的元件所组成的电路都适用，并且对线性电路和非线性电路都适用。运用上述定律时必须注意各支路或闭合回路中电流的正方向，此方向可预先设定。

三、实验设备(表 2-12)

表 2-12　实验设备

序　号	名　称	型号与规格	数　量	备　注
1	可调直流稳压电源	0~30V 或 0~12V	1	
2	直流稳压电源	6V 、 12V	1	
3	万用表		1	
4	直流数字毫安表		1	
5	直流数字电压表		1	

四、实验内容

实验线路如图 2.7 所示。将开关 K_1 接通 U_1，K_2 接通 U_2，K_3 接通 R_5，就可以连接出基尔霍夫定律的验证单元电路，如图 2.8 所示。

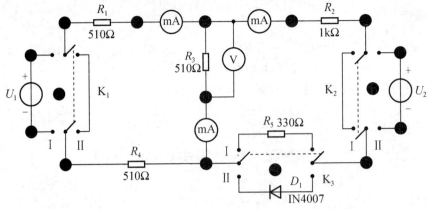

图2.7 基尔霍夫定律验证图

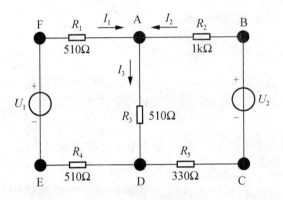

图2.8 电路简化图

(1) 实验前先任意设定 3 条支路和 3 个闭合回路的电流正方向。图 2.8 中的 I_1、I_2、I_3 的方向已设定。3 个闭合回路的电流正方向可设为 ADEFA、BADCB、FBCEF。

(2) 分别将两路直流稳压源接入电路，令 $U_1 = 6V$，$U_2 = 12V$。

(3) 用电流表分别测量 3 条支路的电流，并将电流值填入表 2-13。

(4) 用直流数字电压表分别测量两路电源及电阻元件上的电压值，并将电压值填入表 2-13。

表 2-13 实验数据

被测值	I_1(mA)	I_2(mA)	I_3(mA)	U_1(V)	U_2(V)	U_{FA}(V)	U_{AB}(V)	U_{AD}(V)	U_{CD}(V)	U_{DE}(V)
计算值										
测量值										
相对误差										

五、实验注意事项

(1) 所有需要测量的电压值，均以电压表测量的读数为准。U_1、U_2 也需测量，不应取电源本身的显示值。

(2) 防止稳压电源两个输出端碰线短路。

(3) 所读得的电压或电流值的正、负号应根据设定的电流参考方向来判断。

(4) 测量时，应先估算电流、电压的大小，以选择合适的量程，以免损坏电表。

(5) 用指针式电流表进行测量时，若指针反偏(电流为负值时)，则必须调换电流表极性，重新测量，此时指针正偏，但读得的电流值必须冠以负号。

六、思考题

(1) 根据图 2.8 所示的电路测量参数，计算出待测的电流 I_1、I_2、I_3 和各电阻上的电压值，记入表中，以便实验测量时正确地选定毫安表和电压表的量程。

(2) 实验中，若用指针式万用表直流毫安档测各支路电流，在什么情况下可能出现指针反偏现象，应如何处理？在记录数据时应注意什么？若用直流数字毫安表进行测量，则会有什么显示呢？

七、实验报告

(1) 根据实验数据，选定参考节点 A，验证 KCL 的正确性。

(2) 根据实验数据，选定实验电路中的任意一个闭合回路，验证 KVL 的正确性。

(3) 将支路和闭合回路的电流方向重新设定，重复(1)、(2)两项验证。

(4) 分析误差原因。

2.4   叠加定理的验证

一、实验目的

(1) 验证线性电路叠加原理的正确性，加深对线性电路的叠加性和齐次性的认识和理解。

(2) 学习复杂电路的连接方法。

二、实验原理

如果把独立电源称为激励，由它引起的支路电压、电流称为响应，则叠加原理可以简述为：在有多个独立源共同作用的线性电路中，通过每一个元件的电流或其两端的电压，可以看成是每一个独立源单独作用时在该元件上所产生的电流或电压的代数和。

在含有受控源的线性电路中，叠加定理也是适用的。但叠加定理不适用于功率计算，因为在线性网络中，功率是电压或者电流的二次函数。

线性电路的齐次性是指当激励信号(某独立源的值)增加或减少 K 倍时，电路的响应(即在电路其他各电阻元件上所建立的电流和电压值)也将增加或减小 K 倍。

三、实验设备(表 2-14)

表 2-14　实验设备

序　号	名　称	型号与规格	数　量	备　注
1	可调直流稳压电源	0～30V 或 0～12V	1	
2	直流稳压电源	6V 、 12V 切换		
3	万用表		1	
4	直流数字毫安表		1	
5	直流数字电压表		1	

四、实验内容

实验线路如图 2.9 所示。

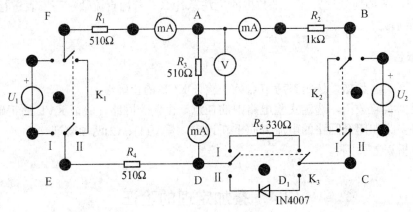

图 2.9　叠加原理验证电路图

(1) 将两路稳压源的输出分别调节为 12V 和 6V，接到 U_1 和 U_2 处。

(2) 令 U_1 电源单独作用(将开关 K_1 投向 U_1，开关 K_2 投向短路侧)。用直流数字电压表和毫安表分别测量各支路电流及各电阻元件两端的电压，数据记入表 2-15 中。

表 2-15　实验数据

测量项目 实验内容	U_1(V)	U_2(V)	I_1(mA)	I_2(mA)	I_3(mA)	U_{AB}(V)	U_{CD}(V)	U_{AD}(V)	U_{DE}(V)	U_{EA}(V)
U_1单独作用										
U_2单独作用										
U_1U_2共同作用										
$2U_2$单独作用										

(3) 令 U_2 电源单独作用(将开关 K_1 投向短路侧，开关 K_2 投向 U_2 侧)，重复实验步骤(2)，数据记入表 2-15。

(4) 令 U_1 和 U_2 共同作用(开关 K_1 和开关 K_2 分别投向 U_1 和 U_2 侧)，重复实验步骤(2)，数据记入表 2-15。

(5) 将 U_2 的数值调至+12V，重复上述步骤(3)，数据记入表2-15。

(6) 将 R_4 换成二极管 IN4007，开关 K$_3$ 打向二极管 IN4007 侧，重复步骤(1)～(4)，数据记入表2-16。

表 2-16　实验数据

测量项目 实验内容	U_1(V)	U_2(V)	I_1(mA)	I_2(mA)	I_3(mA)	U_{AB}(V)	U_{CD}(V)	U_{AD}(V)	U_{DE}(V)	U_{EA}(V)
U_1单独作用										
U_2单独作用										
U_1、U_2共同作用										

五、实验注意事项

(1) 用电流表测量各支路电流时，或者用电压表测量电压降时，应注意仪表的极性，正确判断测得值的正、负号后，记入数据表格。

(2) 注意及时更换仪表量程。

六、思考题

(1) 可否直接将不起作用的电源(U_1 或 U_2)短接置零？

(2) 在实验电路中，若将一个电阻器改为二极管，试问叠加原理的叠加性与齐次性还成立吗？为什么？

七、实验报告

(1) 根据实验数据表格，进行分析、比较、归纳、总结实验结论，即验证线性电路的叠加性与齐次性。

(2) 各电阻器所消耗的功率能否用叠加原理计算得出？试用上述实验数据进行计算，并得出结论。

(3) 通过实验步骤(6)及分析该表格的数据，能得出什么样的结论？

2.5　戴维南定理和诺顿定理的验证

一、实验目的

(1) 验证戴维南定理和诺顿定理，加深对戴维南定理和诺顿定理的理解。

(2) 掌握有源二端口网络等效电路参数的测量方法。

二、实验原理

(1) 任何一个线性含源网络，如果仅研究其中一条支路的电压和电源，则可将电路的其余部分看成是一个有源二端口网络(或称为有源二端网络)。

戴维南定理指出：任何一个线性有源二端口网络，总可以用一个电压源和一个串联的电阻来等效代替，如图 2.10 所示，其电压源的电动势 U_S 等于这个有源二端口网络的开路电压 U_{OC}，其等效内阻 R_0 等于该网络中所有独立源均置零(理想电压源视为短接，理想电流源视为开路)时的等效电阻。

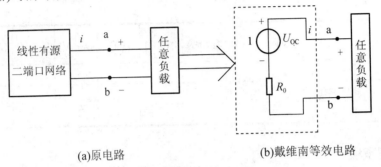

(a)原电路   (b)戴维南等效电路

图 2.10   戴维南等效电路图

诺顿定理指出：任何一个线性有源网络，总可以用一个电流源与一个电阻并联组成来等效代替，如图 2.11 所示。

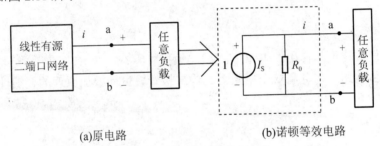

(a)原电路   (b)诺顿等效电路

图 2.11   诺顿定理等效电路图

此电流源的电流 I_S 等于这个有源二端口网络的短路电流 I_{SC}，其等效内阻 R_0 定义同戴维南定理。

$U_{OC}(U_S)$ 和 R_0 或者 $I_{SC}(I_S)$ 和 R_0 称为有源二端口网络的等效参数。

(2) 有源二端口网络等效参数的测量方法。

① 开路电压、短路电流法测 R_0。在有源二端口网络输出端开路时，用电压表直接测其输出端的开路电压 U_{OC}，然后再将其输出端短路，用电流表测其短路电流 I_{SC}，其等效内阻为 $R_0 = U_{OC}/I_{SC}$。如果二端口网络的内阻很小，若将其输出端口短路则易损坏其内部元件，因此不宜用此法。

② 伏安法。用电压表、电流表测出有源二端口网络的外特性如图 2.12 所示。根据外特性曲线求出斜率 $\mathrm{tg}\,\varPhi$，则内阻为 $R_0 = \dfrac{U_{OC} - U_N}{I_N}$。

用伏安法，主要是测量开路电压及电流为额定值 I_N 时的输出端电压值 U_N，则内阻为

$$R_0 = \frac{U_{OC} - U_N}{I_N}。$$

若二端口网络的内阻值很低，则不宜测其短路电流。

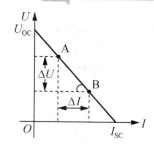

图 2.12　开路短路法坐标图

③ 半电压法测 R_0。如图 2.13 所示，当负载 R_L 的电压为被测网络开路电压的一半时，负载电阻(由电阻箱的读数确定)即为被测有源二端口网络的等效内阻值。

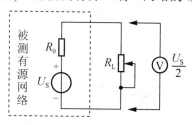

图 2.13　半电压法测试图

三、实验设备(表 2-17)

表 2-17　实验设备

序　号	名　称	型号与规格	数　量	备　注
1	可调直流稳压电源	0～30V 或 0～12V	1	
2	可调直流恒流源		1	
3	万用表		1	
4	直流数字毫安表		1	
5	直流数字电压表		1	
6	电位器	470Ω		

四、实验内容

被测有源二端口网络如图 2.14 所示。

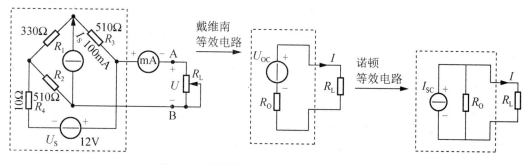

图 2.14　戴维南和诺顿等效电路连接图

(1) 用开路电压、短路电流法测定戴维南等效电路的 U_{OC}、R_0 和诺顿等效电路的 I_{SC}、R_0。按图 2.14(a)接入稳压电源 U_S=10V 和恒流源 I_S=10mA，接入负载 R_L(自己选定)。测出 U_{OC} 和 I_{SC}，并计算出 R_0(测 U_{OC} 时，不接入毫安表)填入表 2-18 中。

表 2-18　实验数据

U_{OC}(V)	I_{SC}(mA)	$R_0 = U_{OC}/I_{SC}$(Ω)

(2) 负载实验。按图 2.14(a)接入负载 R_L，改变 R_L 阻值，测量有源二端口网络的外特性，将实验数据填入表 2-19 中。

表 2-19　实验数据

R_L(Ω)								
U(V)								
I(mA)								

(3) 验证戴维南定理：用一只 1kΩ 的电位器作为 R_0，将其阻值调整到等于步骤(1)所得的等效电阻 R_0 的值，然后令其与直流稳压电源 U_{S1}(调到步骤(1)所测得的开路电压 U_{OC} 的值)相串联，如图 2.14(b)所示，把 U_{S1} 和 R_L 串联成一个回路。仿照步骤(2)测其外特性，对戴维南定理进行验证。将实验数据填入表 2-20 中。

表 2-20　实验数据

R_L(Ω)								
U(V)								
I(mA)								

(4) 验证诺顿定理：用一只 1kΩ 的电位器作为 R_0，将其阻值调整到等于步骤(1)所得的等效电阻 R_0 的值，然后令其与直流恒流源 I_{S1}(调到步骤(1)所测得的短路电流 I_{SC} 的值)相并联，如图 2.14(c)所示，把 I_{S1} 和 R_0 并联然后再与 R_1 串联。将 R_1 改换为不同的阻值并测其外特性，对诺顿定理进行验证。将实验数据填入表 2-21。

表 2-21　实验数据

R_L(Ω)								
U(V)								
I(mA)								

五、实验注意事项

(1) 测量时，应注意电流表量程的更换。

(2) 在步骤(5)中，电压源置零时不可将稳压源短接。

(3) 用万用表直接测 R_0 时，网络内的独立源必须先置零，以免损坏万用表；其次，欧姆表必须经调零后再进行测量。

(4) 改接线路时，要关掉电源。

六、思考题

(1) 在求戴维南或诺顿等效电路时，做短路实验，则测 I_{SC} 的条件是什么？在本实验中可否直接做负载短路实验？实验前对线路图图 2.14 预先做好计算，以便调整实验线路及测量时可准确地选取电表的量程。

(2) 简述测有源二端口网络开路电压及等效内阻的几种方法，并比较其优缺点。

七、实验报告

(1) 据步骤(2)、(3)、(4)，分别绘出曲线，验证戴维南定理和诺顿定理的正确性，并分析产生误差的原因。

(2) 将根据步骤(1)、(5)、(6)的几种方法测得的 U_{OC} 与 R_0 与预习时电路计算的结果进行比较。

(3) 归纳、总结实验结果。

2.6　电压源与电流源的等效变换

一、实验目的

(1) 掌握电源外特性的测试方法。
(2) 验证电压源与电流源等效变换的条件。

二、实验原理

(1) 一个直流稳压电源在一定的电流范围内具有很小的内阻。故在实用中，常将它视为一个理想的电压源，即其输出电压不随电流变化而变化。其外特性曲线，即其伏安特性曲线 $U=f(I)$ 是一条平行于 I 轴的直线。

在使用过程中，一个恒流源在一定的电压范围内可视为一个理想的电流源。

(2) 一个实际的电压源(或电流源)，其端电压(或输出电流)不可能不随负载变化而变化，因为它具有一定的内阻值。故在实验中，用一个小阻值的电阻(或大电阻)与稳压源(或恒流源)相串联(或并联)来模拟一个实际的电压源(或电流源)。

(3) 一个实际的电源，就其外部特性而言，既可以看成是一个电压源，又可以看成是一个电流源。若视为电压源，则可用一个理想的电压源 U_S 与一个电阻 R_0 相串联的组合来表示；若视为一个电流源，则可用一个理想的电流源 I_S 与一电导 g_0 相并联的组合来表示；如果这两种电源能向同样大小的负载供出同样大小的电流和端电压，则称这两个电源是等效的，即具有相同的外特性。

一个电压源和一个电流源等效变换的条件为

$$I_S= U_S/R_0, \quad g_0 = 1/R_0 \tag{2-1}$$

或
$$U_S = I_S R_0, \quad R_0 = 1/g_0 \tag{2-2}$$

电源等效变换如图 2.15 所示。

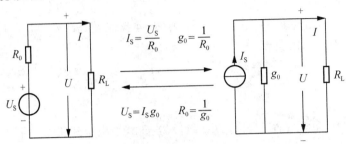

图 2.15 电源等效变换图

三、实验设备(表 2-22)

表 2-22 实验设备

序　号	名　称	型号与规格	数　量	备　注
1	可调直流稳压电源	0~30V 或 0~12V	1	
2	可调直流恒流源		1	
3	万用表		1	
4	直流数字毫安表		1	
5	直流数字电压表		1	
6	电位器	470Ω	1	

四、实验内容

1. 测定直流稳压电源与实际电压源的外特性

(1) 按图 2.16(a)接线。U_S 为+6V 直流稳压电源。调节 R_2，令其阻值由大至小变化，将两表的读数记入表 2-23 中。

表 2-23 实验数据

R_2	0	100	200	400	600	800	1000
$U(V)$							
$I(mA)$							

(2) 按图 2.16(b)接线，虚线框可模拟为一个实际的电压源。调节 R_2，令其阻值由大至小变化，将两表的读数记入表 2-24 中。

表 2-24 实验数据

R_2	0	100	200	400	600	800	1000
$U(V)$							
$I(mA)$							

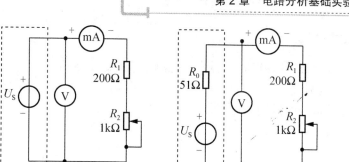

(a)　　　　　　　　　　　(b)

图 2.16　电路连接图

2. 测定电流源的外特性

按图 2.17 接线，I_S 为直流恒流源，调节其输出为 10mA，令 R_0 分别为 200Ω 和 ∞(即接入和断开)，调节电位器 R_L(从 0 至 1kΩ)，测出这两种情况下的电压表和电流表的读数。自拟数据表格，记录实验数据。

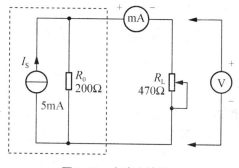

图 2.17　电路连接图

3. 测定电源等效变换的条件

先按图 2.18(a)接线，记录线路中两表的读数。然后，再按图 2.18(b)接线，调节恒流源的输出电流 I_S，使两表的读数与按图 2.18(a)接线时的数值相等，记录 I_S 的值，验证等效变换条件的正确性。

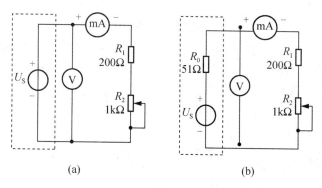

(a)　　　　　　　　　　　(b)

图 2.18　电路连接图

五、实验注意事项

(1) 在测量电压源外特性时，不要忘记测空载时的电压值。测电流源外特性时，不要忘记测短路时的电流值，注意恒流源负载电压不要超过 20V，负载不要开路。

(2) 换接线路时，必须关闭电源开关。

(3) 直流仪表的接入应注意极性与量程。

六、思考题

(1) 通常直流稳压电源的输出端不允许短路，直流恒流源的输出端不允许开路，为什么？

(2) 电压源与电流源的外特性为什么呈下降变化趋势？稳压源与恒流源的输出在任何负载下是否保持恒值？

七、实验报告

(1) 根据实验数据绘出电源的 4 条外特性曲线，并总结、归纳各类电源的特性。

(2) 根据实验结果，验证电源等效变换的条件。

2.7　受控源特性测试

一、实验目的

(1) 熟悉 4 种受控电源的基本特性，掌握受控源转移参数的测试方法。

(2) 加深对受控源的认识和理解。

二、实验原理

(1) 电源有独立电源(如电池、发电机等)与非独立电源(或称为受控源)之分。

受控源与独立源的不同点是：独立源的电势 E_S 或电流 I_S 是某一个固定的数值或是时间的某一个函数，它不随电路其余部分的状态变化而变化；而受控源的电势或电流则是随电路中另一支路的电压或电流变化而变化的一种电源。

受控源又与无源元件不同，无源元件两端的电压和它自身的电流有一定的函数关系，而受控源的输出电压或电流则和另一支路(或元件)的电流或电压有某种函数关系。

(2) 独立源与无源元件是二端器件，受控源则是四端器件，或称为双口元件。它有一对输入端(U_1、I_1)和一对输出端(U_2、I_2)。输入端可以控制输出端电压或电流的大小。施加于输入端的控制量可以是电压或电流，因而有两种受控电压源(即电压控制电压源 VCVS 和电流控制电压源 CCVS)和两种受控电流源(即电压控制电流源 VCCS 和电流控制电流源 CCCS)。它们的示意图如图 2.19 所示。

(3) 当受控源的输出电压(或电流)与控制支路的电压(或电流)成正比变化时，则称该受控源是线性的。

理想受控源的控制支路中只有一个独立变量(电压或电流)，另一个独立变量等于零，即从输入口看，理想受控源或者是短路(即输入电阻 $R_1 = 0$，因而 $U_1 = 0$)或者是开路(即输入电导 $G_1 = 0$，因而输入电流 $I_1 = 0$)；从输出口看，理想受控源或是一个理想电压源或者是一个理想电流源。

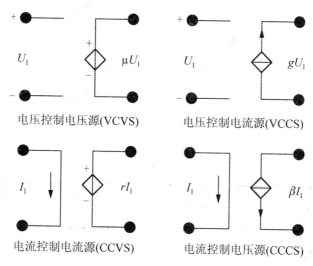

图 2.19　受控源示意图

(4) 控制端与受控端的关系式称为转移函数。

4 种受控源的转移函数参量的定义如下。

① 压控电压源(VCVS)：$U_2 = f(U_1)$，$\mu = U_2/U_1$　　　称为转移电压比。

② 压控电流源(VCCS)：$I_2 = f(U_1)$，$g_m = I_2/U_1$　　称为转移电导。

③ 流控电压源(CCVS)：$U_2 = f(I_1)$，$r_m = U_2/I_1$　　称为转移电阻。

④ 流控电流源(CCCS)：$I_2 = f(I_1)$，$\alpha = I_2/I_1$　　　称为转移电流比(或电流增益)。

三、实验设备(表 2-25)

表 2-25　实验设备

序　号	名　称	型号与规格	数　量	备　注
1	可调直流稳压电源		1	
2	可调恒流源		1	
3	直流数字电压表		1	
4	直流数字毫安表		1	
5	可变电阻箱		1	
6	受控源实验电路板		1	

四、实验内容

(1) 测量受控源 VCVS 的转移特性 $U_2 = f(U_1)$ 及负载特性 $U_2 = f(I_L)$，实验线路如图 2.20 所示。

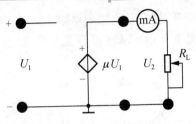

图 2.20　VCVS 电路连接图

① 不接电流表，固定 $R_L = 1k\Omega$，调节稳压电源输出电压 U_1，测量 U_1 及相应的 U_2 值，记入表 2-26 中。在方格纸上绘出电压转移特性曲线 $U_2 = f(U_1)$，并在其线性部分求出转移电压比 μ。

表 2-26　实验数据

U_1(V)	0	1	2	3	4	5	6	7	8	μ
U_2(V)										

② 接入电流表，保持 $U_1 = 3V$，调节 R_L 可变电阻箱的阻值，测 U_2 及 I_L，绘制负载特性曲线 $U_2 = f(I_L)$(见表 2-27)。

表 2-27　实验数据

$R_L(\Omega)$	50	70	100	200	300	400	500	∞
$U_2(V)$								
I_2(mA)								

(2) 测量受控源 VCCS 的转移特性 $I_L = f(U_1)$ 及负载特性 $I_L = f(U_2)$，实验线路如图 2.21 所示。

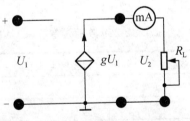

图 2.21　VCCS 电路连接图

① 固定 $R_L = 1k\Omega$，调节稳压电源的输出电压 U_1，测出相应的 I_L 值，记入表 2-28 中，绘制 $I_L = f(U_1)$ 曲线，并由其线性部分求出转移电导 g_m。

表 2-28　实验数据

U_1(V)	2.8	3.0	3.2	3.5	3.7	4.0	4.2	4.5	g_m
I_L(mA)									

② 保持 $U_1 = 3V$，令 R_L 从大到小变化，测出相应的 I_L 及 U_2 值，记入表 2-29 中，绘制

$I_L = f(U_2)$曲线。

表 2-29　实验数据

$R_L(\text{k}\Omega)$	1	0.8	0.7	0.6	0.5	0.4	0.3	0.2	0.1	0
$I_L(\text{mA})$										
$U_2(\text{V})$										

（3）测量受控源 CCVS 的转移特性 $U_2 = f(I_1)$ 与负载特性 $U_2 = f(I_L)$，实验线路如图 2.22 所示。

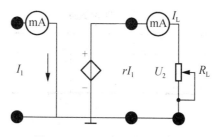

图 2.22　CCVS 电路连接图

① 固定 $R_L = 1\text{k}\Omega$，调节恒流源的输出电流 I_s，使其在 $0.05 \sim 0.7\text{mA}$ 范围内取 8 个数值，测出 U_2 值，记入表 2-30 中，绘制 $U_2 = f(I_1)$ 曲线，并由其线性部分求出转移电阻 r_m。

表 2-30　实验数据

$I_s(\text{mA})$									r_m
$U_2(\text{V})$									

② 保持 $I_s = 0.5\text{mA}$，令 R_L 的值从 $1\text{k}\Omega$ 增至 $8\text{k}\Omega$，测出 U_2 及 I_L 并记入表 2-31 中，绘制负载特性曲线 $U_2 = f(I_L)$。

表 2-31　实验数据

$R_L(\text{k}\Omega)$							
$U_2(\text{V})$							
$I_L(\text{mA})$							

（4）测量受控源 CCCS 的转移特性 $I_L = f(I_1)$ 及负载特性 $I_L = f(U_2)$，实验线路如图 2.23 所示。

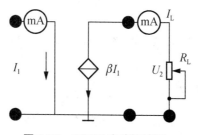

图 2.23　CCCS 电路连接图

① 固定 $R_L = 1\text{k}\Omega$，调节恒流源的输出电流 I_1，使其在 0.05～0.7mA 范围内取 8 个数值，测出 I_L 并记入表 2-32 中，绘制 $I_L = f(I_1)$ 曲线，并由其线性部分求出转移电流比 α。

表 2-32 实验数据

I_1(mA)									α
I_L(mA)									

② 保持 $I_1 = 0.05\text{mA}$，令 R_L 值从 0、100Ω、200Ω 增至 20kΩ，测出 I_L 并记入表 2-33 中，绘制 $I_L = f(U_2)$ 曲线。

表 2-33 实验数据

R_L(kΩ)	0	0.2	0.4	0.6	0.8	1	2	5	10	20
I_L(mA)										
U_2(V)										

五、实验注意事项

(1) 每次组装线路时，必须事先断开供电电源，但不必关闭电源总开关。

(2) 在用恒流源供电的实验中，不要使恒流源的负载开路。

六、思考题

(1) 受控源和独立源相比有何异同点？比较 4 种受控源的控制量与被控量的关系。

(2) 4 种受控源中的 r_m、g_m、α 和 μ 的意义分别是什么？如何测得？

(3) 若受控源控制量的极性反向，试问其输出极性是否发生变化？

(4) 受控源的控制特性是否适合于交流信号？

(5) 如何由两个基本的 CCVS 和 VCCS 获得其他两个 CCCS 和 VCVS？它们的输入输出应如何连接？

七、实验报告

(1) 根据实验数据，在方格纸上分别绘出 4 种受控源的转移特性曲线和负载特性曲线，并求出相应的转移参量。

(2) 对思考题做出必要的回答。

(3) 对实验的结果做出合理的分析和结论，总结对 4 种受控源的认识和理解。

2.8 RC 一阶电路的动态过程研究实验

一、实验目的

(1) 测定 RC 一阶电路的零输入响应、零状态响应及完全响应。

(2) 学习电路时间常数的测量方法。

(3) 掌握有关微分电路和积分电路的概念。

(4) 进一步学会用示波器观测波形。

二、实验原理

(1) 动态网络的过渡过程是十分短暂的单次变化过程。对时间常数 τ 较大的电路，可用慢扫描长余辉示波器观察光点移动的轨迹。而要用普通的示波器观察过渡过程和测量有关的参数，就必须使这次单次变化的过程重复出现。为此，我们利用信号发生器输出的方波来模拟阶跃激励信号，即利用方波输出的上升沿作为零状态响应的正阶跃激励信号；利用方波的下降沿作为零输入响应的负阶跃激励信号。只要选择方波的重复周期大于电路的时间常数 τ，那么电路在这样的方波序列脉冲信号的激励下，其响应就和直流电接通与断开的过渡过程是基本相同的。

(2) 图 2.24 所示的 RC 一阶电路的零输入响应与零状态响应分别按指数规律衰减与增长，其变化的快慢取决于电路的时间常数 τ。

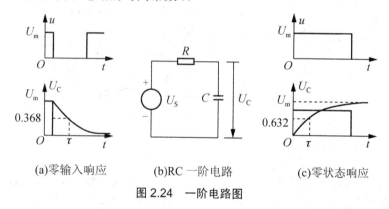

(a)零输入响应　　　　(b)RC 一阶电路　　　　(c)零状态响应

图 2.24　一阶电路图

(3) 时间常数 τ 的测定方法：用示波器测量零输入响应的波形，如图 2.24(a)所示。根据一阶微分方程的求解得知 $U_C=U_m e^{-t/RC}=U_m e^{-t/\tau}$。当 $t=\tau$ 时，$U_C(\tau)=0.368U_m$。此时所对应的时间就等于 τ。亦可用零状态响应波形增加到 $0.632\,U_m$ 所对应的时间测得，如图 2.24(c)所示。

(4) 微分电路和积分电路是 RC 一阶电路中较典型的电路，它对电路元件参数和输入信号的周期有着特定的要求。

三、实验设备(表 2-34)

表 2-34　实验设备

序　号	名　　称	型号与规格	数　量	备　注
1	脉冲信号发生器		1	
2	双踪示波器		2	

四、实验内容

实验线路板的结构如图 2.25 所示。

在一阶电路单元上选择 R、C 元件，令 R_1=10kΩ，C=3300pF，组成如图 2.24(b)所示的 RC 充放电电路。U_S 为脉冲信号发生器输出的 U_m=3V，f=1kHz 的方波电压信号，并通过两根同轴电缆线将激励源 u_S 和响应 U_C 的信号分别连至示波器的两个输入口 YA 和 YB，这时可在示波器的屏幕上观察到激励与响应的变化规律，测算出时间常数 τ，并用方格纸按 1:1 的比例描绘波形。

少量改变电容值或电阻值，定性观察对响应的影响，记录观察到的现象。

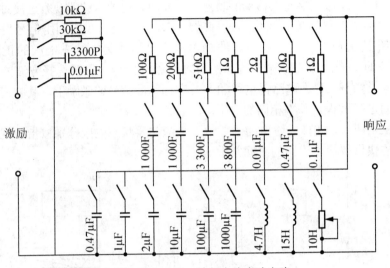

图 2.25　动态电路、选频电路实验电路

五、实验注意事项

(1) 调节电子仪器各旋钮时，动作不要过快、过猛。实验前，需熟读双踪示波器的使用说明书。特别是在观察双踪时，要特别注意相应开关、旋钮的操作与调节。

(2) 信号源的接地端与示波器的接地端要连在一起(称共地)，以防外界干扰而影响测量结果的准确性。

(3) 示波器的辉度不应过亮，尤其是光点长期停留在荧光屏上不动时，应将辉度调暗，以延长示波管的使用寿命。

六、思考题

(1) 什么样的电信号可作为 RC 一阶电路零输入响应、零状态响应和全响应的激励源？

(2) 已知 RC 一阶电路中 R=10kΩ，C=0.1μF，试计算时间常数τ，并根据τ值的物理意义，拟定测量τ的方案。

(3) 何谓积分电路和微分电路？它们必须具备什么条件？在方波序列脉冲的激励下，它们输出信号波形的变化规律如何？这两种电路有何功用？

七、实验报告

(1) 根据实验观测结果，在方格纸上绘出 RC 一阶电路充放电时 U_C 的变化曲线，由曲线测得τ值，并与参数值的计算结果作比较，分析误差原因。

(2) 根据实验观测结果，归纳、总结积分电路和微分电路的形成条件，阐明波形变换的特征。

2.9　二阶动态电路响应的研究

一、实验目的

(1) 学习用实验方法研究二阶动态电路的响应，了解电路元件参数对响应的影响。

(2) 观察、分析二阶电路响应的 3 种状态轨迹及其特点，以加深对二阶电路的认识与理解。

二、实验原理

一个二阶电路在方波正、负阶跃信号的激励下，可获得零状态与零输入响应，其响应的变化轨迹决定于电路的固有频率。当调节电路的元件参数值使电路的固有频率分别为负实数、共轭复数及虚数时，可分别获得单调地衰减、衰减振荡和等幅振荡的响应，在实验中可获得过阻尼、欠阻尼和临界阻尼 3 种响应图形。

简单而典型的二阶电路是一个 RLC 串联和 GCL 并联电路，这两者之间存在着对偶关系。本实验仅对 GCL 并联电路进行研究。

三、实验设备(表 2-35)

表 2-35　实验设备

序　号	名　称	型号与规格	数　量	备　注
1	脉冲信号发生器		1	
2	双踪示波器		1	
3	动态电路实验板		1	

四、实验内容

动态电路实验板与上一节实验相同，如图 2.25 所示。利用动态线路板中的元件与开关的配合作用，组成如图 2.26 所示的 GCL 并联电路。

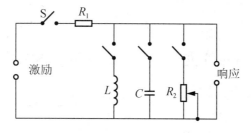

图 2.26　二阶电路连接图

令 R_1=10kΩ，L=4.7mH，C=1000pF，R_2 为 10kΩ 可调电阻器，令函数信号发生器的输出为 U_m=3V，f=1kHz 的方波脉冲信号，输出端接至图 2.26 中的激励端，同时用同轴电缆线将激励端和响应输出端接至双踪示波器前的 YA 和 YB 两个输入口。

(1) 调节可变电阻器 R_2 的值，观察二阶电路的零输入响应和零状态响应由过阻尼过渡到临界阻尼，最后过渡到欠阻尼的变化过渡过程，分别定性地描绘、记录响应的典型变化波形。

(2) 调节 R_2 使示波器荧光屏上呈现稳定的欠阻尼响应波形，定量地测定此时电路的衰减常数 α 和振荡频率 ωd。

(3) 改变一组电路参数，如增、减 L 或 C 的值，重复步骤(2)并进行记录。随后仔细观察，改变电路参数时，ωd 与 α 的变化趋势，并作记录。实验数据记入表 2-36 中。

表 2-36　实验数据

电路参数 实验次数	文件参数				测量值	
	R_1	R_2	L	C	α	ωd
1	10kΩ	调至某一欠阻尼态	4.7mH	1000pF		
2	10kΩ		4.7mH	0.01μF		
3	30kΩ		4.7mH	0.01μF		
4	10kΩ		10mH	0.01μF		

五、实验注意事项

(1) 调节 R_2 时，要细心、缓慢，临界阻尼要找准。

(2) 观察双踪时，显示要稳定，如不同步，则可采用外同步法触发(可以看示波器说明书)。

六、思考题

(1) 根据二阶电路实验线路元件的参数，计算出处于临界阻尼状态的 R_2 值。

(2) 在示波器荧光屏上，如何测得二阶电路零输入响应欠阻尼状态的衰减常数 α 和振荡频率 ωd？

七、实验报告

(1) 根据观测结果，在方格纸上描绘二阶电路过阻尼、临界阻尼和欠阻尼的响应波形。

(2) 测算欠阻尼振荡曲线的 α 与 ωd。

(3) 归纳、总结电路元件参数的改变对响应变化趋势的影响。

2.10　RLC 元件在正弦电路中的特性实验

一、实验目的

(1) 验证电阻、感抗、容抗与频率的关系，测定 $R\sim f$，$X_L\sim f$ 与 $X_c\sim f$ 特性曲线。

(2) 加深理解 R、L、C 元件的电压与电流间的相位关系。

二、实验原理

(1) 在正弦交流信号作用下，R、L、C 电路元件在电路中的抗流作用与信号的频率有关，它们的阻抗频率特性 $R{\sim}f$，$X_L{\sim}f$ 与 $X_C{\sim}f$ 曲线如图 2.27 所示。

(2) 元件阻抗频率特性的测量电路如图 2.28 所示。

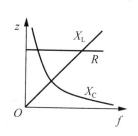

图 2.27　阻抗频率特性曲线图

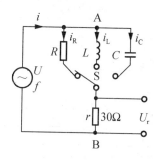

图 2.28　阻抗频率特性电路图

图 2.28 中的 r 是提供测量回路电流用的标准小电阻，由于 r 的阻值远小于被测元件的阻抗值，因此可以认为 AB 之间的电压就是被测元件 R 或 L 或 C 两端的电压，流过被测元件的电流则可由 r 两端的电压除以 r 的值得到。

若用双踪示波器同时观察 r 与被测元件两端的电压，也就展现被测元件两端的电压和流过该元件电流的波形，从而可在荧光屏上测出电压与电流的幅值及它们之间的相位差。

(3) 将元件 R、L、C 串联或并联相接，亦可用同样的方法测得 Z 串与 Z 并时的阻抗频率特性 $Z{\sim}f$，根据电压、电流的相位差可判断 Z 串与 Z 并是感性负载还是容性负载。

(4) 元件的阻抗角(即相位差 Φ)随输入信号的频率变化而改变，将各个不同频率下的相位差画在以频率 f 为横坐标，阻抗角 Φ 为纵坐标的坐标纸上，并用光滑的曲线连接这些点，即得到阻抗角的频率特性曲线。

三、实验设备(表 2-37)

表 2-37　实验设备

序　号	名　称	型号与规格	数　量	备　注
1	低频信号发生器		1	
2	交流毫伏表		1	
3	双踪示波器		1	
4	实验线路元件	R=1kΩ C=0.01μF L 约 1H，r=30Ω		
5	频率计		1	

四、实验内容

(1) 测量 R、L、C 元件的阻抗频率特性。

通过电缆将低频信号发生器输出的正弦信号接至图 2.28 所示的电路中，作为激励源 U，并用交流毫伏表测量，使激励电压 U 的有效值为 3V，并保持不变。

使信号源的输出频率从 200Hz 逐渐增至 5kHz(用频率计测量)，并使开关 S 分别接通 R、L、C 3 个元件，由交流毫伏表测量 U_r，并通过计算得到各频率点时的 R、X_L 与 X_C 的值，记入表 2-38 中。

表 2-38 实验数据

	频率 f(kHz)	
R	U_r(mv)	
	$I_R=U_r/r$(mA)	
	$R=U/I_R$(kΩ)	
L	U_r(mv)	
	$I_L=U_r/r$(mA)	
	$X_L=U/I_L$(kΩ)	
C	U_r(mv)	
	$I_C=U_r/r$(mA)	
	$X_C=U/I_C$(kΩ)	

(2) 用双踪示波器观察在不同频率下各元件阻抗角的变化情况，并记录。

五、实验注意事项

(1) 交流毫伏表属于高阻抗电表，测量前必须先调零。

(2) 测 Φ 时，示波器的"T/div"和"V/div"的微调旋钮应旋至"标准"位置。

六、思考题

测量 R、L、C 各个元件的阻抗角时，为什么要与它们串联一个小电阻？可否用一个小电感或大电容代替？为什么？

七、实验报告

(1) 根据实验数据，在方格纸上绘制 R、L、C 3 个元件的阻抗频率特性曲线，从中可得出什么结论？

(2) 根据实验数据，在方格纸上绘制 R、L、C 3 个元件的阻抗角频率特性曲线，并总结、归纳结论。

2.11 RLC 串联谐振电路的研究

一、实验目的

(1) 学习用实验方法绘制 R、L、C 串联电路的幅频特性曲线。

(2) 加深理解电路发生谐振的条件、特点，掌握电路品质因数(电路 Q 值)的物理意义及其测定方法。

二、实验原理

(1) 在图 2.29(a)所示的 R、L、C 串联电路中，当正弦交流信号源的频率 f 改变时，电路中的感抗、容抗随之而变，电路中的电流也随 f 而变。取电阻 R 上的电压 U_o 作为响应，当输入电压 U_i 的幅值维持不变时，在不同频率的信号激励下，测出 U_o 的值，然后以 f 为横坐标，以 U_o/U_i 为纵坐标(因 U_i 不变，故也可直接以 U_o 为纵坐标)，绘出光滑的曲线，此即为幅频特性曲线，亦称谐振曲线，如图 2.29(b)所示。

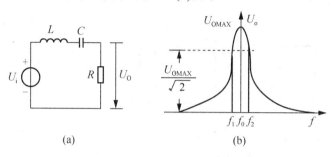

(a)　　　　　　　　　　(b)

图 2.29　R、L、C 串联电路图

(2) 在 $f=f_0=\dfrac{1}{2\pi\sqrt{LC}}$ 处，即幅频特性曲线尖峰所在的频率点称为谐振频率。此时 $X_L=X_C$，电路呈纯阻性，电路阻抗的模为最小。在输入电压 U_i 为定值时，电路中的电流达到最大值，且与输入电压 U_i 同相位。从理论上讲，此时 $U_i=U_R=U_o$，$U_L=U_C=QU_i$，式中的 Q 称为电路的品质因数。

(3) 测量电路品质因数 Q 的两种方法。

一是根据公式 $Q=U_L/U_o=U_C/U_o$ 测定，U_C 与 U_L 分别为谐振时电容器 C 和电感线圈 L 上的电压；另一种方法是通过测量谐振曲线的通频带宽度 $\Delta f=f_2-f_1$，再根据 $Q=f_0/(f_2-f_1)$ 求出 Q 值。式中，f_0 为谐振频率，f_2 和 f_1 是失谐时，亦即输出电压的幅度下降到最大值的 $\dfrac{1}{\sqrt{2}}$ (0.707)倍时的上、下频率点。Q 值越大，曲线越尖锐，通频带越窄，电路的选择性越好。在恒压源供电时，电路的品质因数、选择性与通频带只决定于电路本身的参数，而与信号源无关。

三、实验设备(表 2-39)

表 2-39　实验设备

序　号	名　　称	型号与规格	数　量	备　注
1	低频信号发生器		1	
2	交流毫伏表		1	
3	双踪示波器		1	
4	实验线路元件	$R=330\Omega$、$2.2k\Omega$；$C=3300pF$；L 约 30MH；$r=30\Omega$		
5	频率计		1	

四、实验内容

(1) 按图 2.30 连线，组成监视、测量电路。先选用 C_1、R_1。用万用表的交流毫伏档测电压，用示波器监视信号源输出。令信号源输出电压 $U_i = 3V$，并保持不变。

(2) 找出电路的谐振频率 f_0，其方法是：将毫伏表接在 R(330Ω)两端，令信号源的频率由小逐渐变大(注意要维持信号源的输出幅度不变)，当 U_o 的读数为最大时，读得频率计上的频率值即为电路的谐振频率 f_0，并测量 U_C 与 U_L 的值，注意及时更换毫伏表的量限。

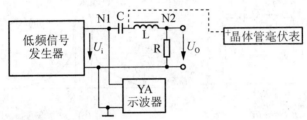

图 2.30 R、L、C 实验连接图

(3) 在谐振点两侧，按频率递增或递减 500Hz 或 1kHz，依次各取 8 个测量点，逐点测出 U_o、U_L、U_C 的值，将数据记入表 2-40 中。

表 2-40 实验数据

f(kHz)																
U_o(V)																
U_L(V)																
U_C(V)																
$U_i = 3V$, $C = 3300pF$, $R = 330Ω$, $f_0 =$, $f_2 - f_1 =$, $Q =$																

(4) 改变电阻值，重复步骤(2)、(3)，并将实验数据记入表 2-41 中。

表 2-41 实验数据

f(kHz)																
U_0(V)																
U_L(V)																
U_C(V)																
$U_i = 3V$, $C = 3300pF$, $R = 2.2kΩ$, $f_0 =$, $f_2 - f_1 =$, $Q =$																

五、实验注意事项

(1) 应在靠近谐振频率附近多取几点测试频率点。在变换频率测试前，应调整信号输出幅度(用示波器监视输出幅度)使其维持在 3V。

(2) 测量 U_C 和 U_L 前，应将毫伏表的量程改大，而且在测量 U_L 与 U_C 时，毫伏表的"+"端应接电容 C 与电感 L 的公共点。

六、思考题

(1) 根据实验线路板给出的元件参数值，估算电路的谐振频率。

(2) 改变电路的哪些参数可以使电路发生谐振？电路中 R 的数值是否影响谐振频率？

(3) 如何判别电路是否发生谐振？测试谐振点的方案有哪些？

(4) 电路发生串联谐振时，为什么输入电压不能太大？如果信号源给出 3V 的电压，电路谐振时，用交流毫伏表测 U_L 和 U_C，应该选择用多大的量程？

(5) 要提高 R、L、C 串联电路的品质因数，电路参数应如何改变？

(6) 本实验在谐振时，对应的 U_L 与 U_C 是否相等？如有差异，原因是什么？

七、实验报告

(1) 根据测量数据，绘出不同 Q 值时的 3 条幅频特性曲线，即

$$U_0 = f(f), \qquad U_L = f(f), \qquad U_C = f(f)$$

(2) 计算出通频带与 Q 值，说明不同 R 值时对电路通频带与品质因数的影响。

(3) 对两种不同的测 Q 值的方法进行比较，分析误差原因。

(4) 谐振时，比较输出电压 U_o 与输入电压 U_i 是否相等？试分析原因。

(5) 通过本次实验，总结、归纳串联谐振电路的特性。

2.12 双口网络测试

一、实验目的

(1) 加深对双口网络的基本理论的理解。

(2) 掌握直流双口网络传输参数的测量技术。

二、实验原理

对于任何一个线性网络，人们所关心的往往只是输入端口和输出端口电压和电流间的相互关系，通过实验测定方法求取一个极其简单的等效双口电路来替代原网络，此即为"黑盒理论"的基本内容。

(1) 一个双口网络两端口的电压和电流 4 个变量之间的关系，可以用多种形式的参数方程来表示。本实验采用输出口的电压 U_2 和电流 I_2 作为自变量，以输入口的电压 U_1 和电流 I_1 作为因变量，所得的方程称为双口网络的传输方程，图 13-1 所示的无源线性双口网络(又称为四端网络)的传输如下。

图 2.31 双口网络示意图

$$U_1 = AU_2 + BI_2$$

$$I_1 = CU_2 + DI_2 \tag{2-4}$$

式中的 A、B、C、D 为双口网络的传输参数，其值完全决定于网络的拓扑结构及各支路元件的参数值，这 4 个参数表征了该双口网络的基本特性，它们的含义是：

$$A = U1/U_2 \ (令 \ I_2=0，即输出口开路时) \tag{2-5}$$

$$B = U1/I_2 \ (令 \ U_2=0，即输出口短路时) \tag{2-6}$$

$$C = I1/U_2 \ (令 \ I_2=0，即输出口开路时) \tag{2-7}$$

$$D = I1/I_2 \ (令 \ U_2=0，即输出口短路时) \tag{2-8}$$

由上可知，只要在网络的输入口加上电压，在两个端口同时测量其电压和电流，即可求出 A、B、C、D 4 个参数的值，此即为双端口同时测量法。

(2) 若要测量一条远距离输电线构成的双口网络，采用同时测量法就很不方便，这时可采用分别测量法，即先在输入口加电压，而将输出口分别开路和短路，在输入口测量电压和电流，由传输方程可得：

$$R_10 = U_10/I_10 = A/C (令 \ I_2=0，即输出口开路时) \tag{2-9}$$

$$R_1S = U_1S/I_1S = B/D \ (令 \ U_2=0，即输出口短路时) \tag{2-10}$$

然后在输出口加电压测量，而将输入口分别开路和短路，此时可得

$$R_20 = U_20/I_20 = D/C (令 \ I_2=0，即输入口开路时) \tag{2-11}$$

$$R_2S = U_2S/I_2S = B/A (令 \ U_2=0，即输入口开路时) \tag{2-12}$$

R_10、R_1S、R_20、R_2S 分别表示一个端口开路和短路时，另一端口的等效输入电阻，这 4 个参数有 3 个是独立的($R_10/R_20 = R_1S/R_2S = A/D$)即 $AD-BC=1$。

至此，可求出 4 个传输参数：

$$A = \sqrt{R_{10}/(R_{20}-R_{2S})}, \quad B = R_{2S}A, \quad C = A/R_{10}, \quad D = R_{20}C \tag{2-13}$$

(3) 双口网络级联后的等效双口网络的传输参数亦可采用前述的方法之一求得，从理论推出两双口网络级联后的传输参数与每一个参加级联的双口网络的传输参数之间有如下的关系：

$$A = A_1A_2 + B_1C_2 \qquad\qquad B = A_1A_2 + B_1D_2$$

$$C = C_1A_2 + D_1C_2 \qquad\qquad D = C_1B_2 + D_1D_2$$

三、实验设备(表 2-42)

表 2-42 实验设备

序 号	名 称	型号与规格	数 量	备 注
1	可调直流稳压电源		1	
2	数字直流电压表		1	
3	数字直流毫安表		1	
4	双口网络实验电路板		1	

四、实验内容

双口网络实验线路如图 2.32 所示。

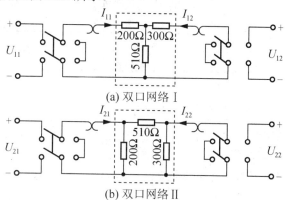

(a) 双口网络 I

(b) 双口网络 II

图 2.32　双口网络实验线路图

将直流稳压电源的输出电压调到 10V，作为双口网络的输入。

(1) 用同时测量法分别测定两个双口网络的传输参数 A_1、B_1、C_1、D_1 和 A_2、B_2、C_2、D_2，并分别填入表 2-43、表 2-44 中，并列出它们的传输方程。

表 2-43　实验数据

双口网络 I	输出端开路 $I_{12}=0$	测量值			计算值	
		$U_{110}(V)$	$U_{120}(V)$	$I_{110}(mA)$	A_1	B_1
	输出端短路 $U_{12}=0$	$U_{11S}(V)$	$I_{11S}(mA)$	$I_{12S}(mA)$	C_1	D_1

表 2-44　实验数据

双口网络 II	输出端开路 $I_{22}=0$	测量值			计算值	
		$U_{210}(V)$	$U_{220}(V)$	$I_{210}(mA)$	A_2	B_2
	输出端短路 $U_{22}=0$	$U_{21S}(V)$	$I_{21S}(V)$	$I_{22S}(mA)$	C_2	D_2

(2) 将两个双口网络级联后，用两端口分别测量法测量级联后等效双口网络的传输参数 A、B、C、D 并填入表 2-45 中，并验证等效双口网络传输参数与级联的两个双口网络传输参数之间的关系。

表 2-45　实验数据

输出端开路 $I_2=0$			输出端短路 $U_2=0$			计算传输参数
$U_{10}(V)$	$I_{10}(V)$	$R_{10}(V)$	$U_{1S}(V)$	$I_{1S}(V)$	$R_{1S}(V)$	

续表

输入端开路 $I_1=0$			输入端短路 $U_1=0$			
U_{20} (V)	I_{20} (mA)	R_{20} (kΩ)	U_{2S} (V)	I_{2S} (mA)	R_{2S} (kΩ)	$A=$ $B=$ $C=$ $D=$

五、实验注意事项

(1) 用电流插头插座测量电流时，要注意判别电流表的极性并选取适合的量程(根据所给的电路参数，估算电流表量程)。

(2) 两个双口网络级联时，应将一个双口网络的输出端与另一双口网络的输入端联接。

六、思考题

(1) 试述双口网络同时测量法与分别测量法的测量步骤、优缺点及其适用情况。

(2) 本实验所用的方法可否用于交流双口网络的测定？

七、实验报告

(1) 完成数据表格中的计算任务。

(2) 列出参数方程。

(3) 验证级联后等效双口网络的传输参数与级联的两个双口网络传输参数之间的关系。

(4) 总结、归纳双口网络的测试技术。

2.13　RC 选频网络特性测量

一、实验目的

(1) 熟悉文氏电桥电路的结构特点及应用。

(2) 学习用交流电压表和示波器测定文氏电桥的幅频特性和相频特性。

二、实验原理

文氏电桥电路是一个 RC 的串、并联电路，如图 2.33 所示，该电路结构简单，作为选频环节被广泛应用于低频振荡电路中，可以获得很高纯度的正弦波电压。

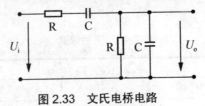

图 2.33　文氏电桥电路

(1) 用函数信号发生器的正弦输出信号作为电桥的激励信号 U_i。在保持信号电压 U_i 不变的情况下，改变输入信号的频率 f，用交流毫伏表或示波器测出相应于各个频率点的输出电压值 U_o，将这些数据画在以频率 f 为横轴、输出电压 U_o 为纵轴的坐标纸上，用一条光滑的曲线连接这些点，该曲线就是电路的幅频特性曲线。

文氏电桥的一个特点是其输出电压幅度不仅会随输入信号的频率变化，而且会出现一个与输入电压同相位的最大值，如图 2.34 所示。

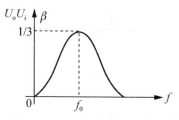

图 2.34　文氏电桥频率特性曲线

由电路理论分析得知，该网络的传递函数为

$$\beta = \frac{1}{3 + j(\omega RC - \dfrac{1}{\omega RC})} \tag{2-14}$$

当角频率 $\omega = \omega_0 = \dfrac{1}{RC}$ 时，则 $|\beta| = \dfrac{U_o}{U_i} = \dfrac{1}{3}$，此时 U_o 与 U_i 同相。即 RC 串、并联电路具有带通特性。

(2) 将上述电路的输入和输出分别接入双踪示波器的两个输入端 YA 和 YB，改变输入正弦信号的频率，观察相应的输入和输出波形的时延 τ 及信号的周期 T，则两波形间的相位差为

$$\phi = \frac{\tau}{T} \times 360^\circ = \phi_o - \phi_i \text{（输出相位与输入相位之差）} \tag{2-15}$$

将不同频率下的各个相位差 $\varPhi$ 画在以频率 f 为横轴、以相位差 $\varPhi$ 为纵轴的坐标纸上，用一条光滑的曲线连接这些点，该曲线就是电路的相频特性曲线，如图 2.35 所示。

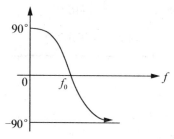

图 2.35　相频特性曲线

由电路理论分析得知，当 $\omega = \omega_0 = \dfrac{1}{RC}$ 时，即 $f = f_0 = \dfrac{1}{2\pi RC}$ 时，$\varPhi = 0$，即 U_o 和 U_i 同相位，相位差为零。

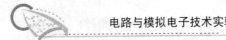

三、实验设备(表 2-46)

表 2-46　实验设备

序　号	名　称	型号与规格	数　量	备　注
1	低频信号发生器		1	
2	交流毫伏表		1	
3	双踪示波器		1	

四、实验内容

1. 测量 RC 串、并联电路的幅频特性

(1) 按图 2.33 接线，取 $R=1k\Omega$，$C=0.1\mu F$。

(2) 调节低频信号源的输出电压为 3V 的正弦波，接到图 2.33 中的输入端 U_i。

(3) 改变信号源频率 f，并保持 $U_i=3V$ 不变，测量输出电压 U_O，将数据记入表 2-47 中。(可先测量 $\beta=1/3$ 时的频率 f_0，然后再在 f_0 左右设置其他频率点，测量 U_O。)

(4) 另选一组参数，取 $R=2k\Omega$，$C=0.22\mu F$，复上述步骤。

(5) 将上述测量数据填入表 2-47 中。

表 2-47　实验数据

$R=1k\Omega$	f(Hz)							
$C=0.1\mu F$	U_0(v)							
$R=200\Omega$	f(Hz)							
$C=2.2\mu F$	U_0(v)							

2. 测量 RC 串、并联电路的相频特性

将图 2.33 所示电路的输入输出端(U_i、U_O)分别接至双踪示波器的两个输入端 YA 和 YB，改变输入信号频率，观察不同频率点处相应的输入与输出波形间的时延 τ 及信号周期 T，计算两波形间的相位差。将数据填入表 2-48 中。

表 2-48　实验数据

$R=1k\Omega$ $C=0.1\mu F$	f(Hz)							
	T(ms)							
	τ(ms)							
	相位差 Φ							
$R=2k\Omega$ $C=0.22\mu F$	f(Hz)							
	T(ms)							
	τ(ms)							
	相位差 Φ							

五、实验注意事项

由于低频信号源内阻的影响，注意在调节输出频率时，应同时调节输出幅度，使实验电路的输入电压保持不变。

六、思考题

(1) 根据电路的两组参数，分别估算文氏电桥的固有频率。

(2) 推导 RC 串并联电路的幅频、相频特性的数学表达式。

七、实验报告

(1) 根据实验数据，绘制幅频特性和相频特性曲线，找出最大值，并与计算理论求得的值进行比较。

(2) 讨论实验结果。

本 章 小 结

本章通过 13 个实验展示了电路分析基础课程中的核心知识点，介绍了其基本方法及基本知识。本章根据电路分析基础课程的知识框架给出了对应的实例，是学习模拟电路、信号与系统等课程的基础。

第 **3** 章

模拟电路实验

 知识框架

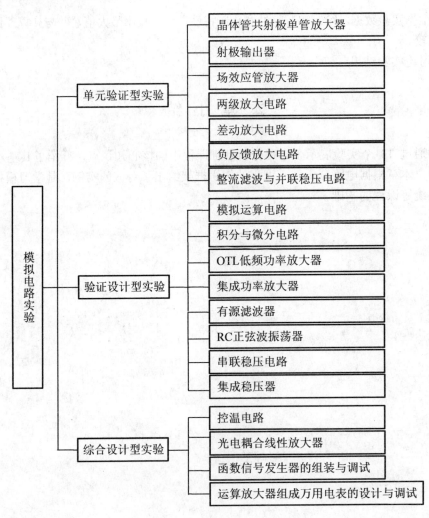

		晶体管共射极单管放大器
		射极输出器
		场效应管放大器
	单元验证型实验	两级放大电路
		差动放大电路
		负反馈放大电路
		整流滤波与并联稳压电路
模拟电路实验		模拟运算电路
		积分与微分电路
		OTL低频功率放大器
	验证设计型实验	集成功率放大器
		有源滤波器
		RC正弦波振荡器
		串联稳压电路
		集成稳压器
		控温电路
	综合设计型实验	光电耦合线性放大器
		函数信号发生器的组装与调试
		运算放大器组成万用表的设计与调试

引　言

模拟电子技术是电子、自动化等专业的一门极其重要的专业基础课程，主要分析信号的传输和响应，与电路中各种元器件的特性及参数情况有着十分密切的关系，因此学生在学习中往往感觉难度较大。要解决这个问题就要借助实验教学，观察大量现象，并通过测试、分析和参数调整来实现对理论知识的融会贯通。模拟电路实验课程是与模拟电子技术课程相配套的实验课，对于巩固学生课堂基础理论知识、培养和提高学生的分析动手能力及创新思维起着重要的作用。该部分的理论性较强，实验内容设计合理、应用面广，并引入了设计性和综合性实验，使之更具先进性和实用性。

3.1　常用电子仪器的使用及用万用表测试二极管、三极管

一、实验目的

(1) 掌握电子线路实验中常用电子仪器(函数信号发生器、交流毫伏表、示波器等)的使用方法。

(2) 学习用万用表辨别二极管、三极管管脚的方法及判断它们好坏的方法。

(3) 学习识别各种类型的元件。

二、仪器的基本组成及使用方法

1. 函数信号发生器

函数信号发生器主要由信号产生电路、信号放大电路等部分组成，可输出正弦波、方波、三角波 3 种信号波形。输出信号的电压幅度可由输出幅度调节旋钮调节，输出信号的频率可通过频段选择及调频旋钮调节。

使用方法：首先打开电源开关，通过"波形选择"开关选择所需信号波形，通过"频段选择"找到所需信号频率所在的频段，配合"调频"旋钮找到所需信号频率，通过"调幅"旋钮得到所需信号幅度。

2. 交流毫伏表

交流毫伏表是一种用于测量正弦电压有效值的电子仪器，主要由分压器、交流放大器、检波器等主要部分组成，电压测量范围为 1mV 至 300V，分 10 个量程。

使用方法：将"测量范围"开关置于最大量程档(300V)并接通电源；将输入端短路，使"测量范围"开关置于最小档(10mV)，调节"零点校准"使电表指示为 0；去掉短路线，接入被测信号电压，根据被测电压的数值选择适当的量程，若事先不知被测电压的范围，应先将量程置于最大档，再根据读数逐步减小量程，直到合适的量程为止；用完后，应将"测量范围"开关置于最大量程档，然后关掉电源。

注意事项：①接短路线时，应先接地线后接另一根线，取下短路线时，应先取另一根线后取地线；②测量时，仪器的地线应与被测电路的地线接在一起。

3. 示波器

示波器是一种用来观测各种周期性变化电压波形的电子仪器，可用来测量其幅度、频率、相位等。一个示波器主要由示波管、垂直放大器、水平放大器、锯齿波发生器、衰减器等部分组成。

使用方法：打开电源开关，适当调节垂直和水平移位旋钮，将光点或亮线移至荧光屏的中心位置。观测波形时，将被观测信号通过专用电缆线与HX1(或HX2)输入插口接通，将触发方式开关置于"自动"位置，触发源选择开关置于"内"，打开示波器扫速开关及Y轴灵敏度开关，在荧光屏上显示出一个或数个稳定的信号波形。

三、实验仪器

1. 函数信号发生器(实验箱面板左侧)
2. 交流毫伏表(另配)
3. 双踪示波器(另配)
4. 数字万用表(另配)

四、实验内容

1. 电子仪器使用练习

实验中要对各种电子仪器进行综合使用，可按照信号流向，以连线简捷、调节顺手、观察与读数方便等原则进行合理布局，各仪器与被测实验装置之间的布局与连接如图 3.1 所示。接线时应注意，为防止外界干扰，各仪器的公共接地端应连接在一起，称共地。信号源和交流毫伏表的引线通常用屏蔽线或专用电缆线，示波器接线使用专用电缆线。

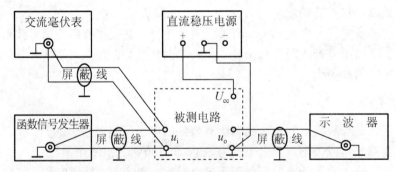

图 3.1 模拟电路常用实验仪器仪表相互关系

(1) 从函数信号发生器输出频率分别为：200Hz、1kHz、2kHz、10kHz、20kHz、100kHz(峰—峰值为 1V)的正弦波、方波、三角波信号，用示波器观察并画出波形。

(2) 从函数信号发生器输出频率分别为 200Hz、1kHz、2kHz、10kHz，幅值分别为 100mV 和 200mV(有效值)的正弦波信号。用示波器和交流毫伏表进行参数的测量并填入表 3-1 中。

表 3-1 实验数据

信号频率	信号电压 毫伏表读数(mV)	示波器测量值		示波器测量值	
		峰峰值(mV)	有效值(mV)	周期(ms)	频率(Hz)
200Hz	100				
	200				
1kHz	100				
	200				
2kHz	100				
	200				
10kHz	100				
	200				

2. 用万用表辨别二极管的极性、辨别三极管的 e、b、c 各极、管子的类型及好坏的方法

1) 测晶体二极管

万用表置 R×1kΩ 挡,两表笔分别接二极管的两极,若测得的电阻较小(硅管数千欧、锗管数百欧),说明二极管的 PN 结处于正向偏置,则黑表笔接的是正极,红表笔接的是负极。反之,二极管处于反相偏置时呈现的电阻较大(硅管约数百千欧以上,锗管约数百千欧),则红表笔接的是正极,黑表笔接的是负极。

若正反向电阻均为无穷大或均为零或比较接近,则分别说明二极管内部开路或短路或性能变差。

稳压二极管与变容二极管的 PN 结都具正向电阻小反向电阻大的特点,其测量方法与普通二极管相同。

由于发光二极管不发光时其正反向电阻均较大,因此一般用万用表的 R×10kΩ 档测量,其测量方法与普通二极管相同。或者用另一种办法,即将发光二极管与一数百欧(如330Ω)的电阻串联,然后加 3~5V 的直流电压,若发光二极管亮,说明二极管正向导通,则与电源正端相接的为正极,与负端相接的为负极。如果二极管反接,则不亮。

红外发射二极管、红外接收二极管均可用 R×10kΩ 档测量其正负极,方法与测普通二极管相同。

2) 测晶体三极管

利用万用表可以判别三极管的类型和极性,步骤如下。

(1) 判别基极 b 和管型时万用表置 R×1kΩ 档,先将红表笔接某一假定基极 b,黑表笔分别接另两个极,如果电阻均很小(或很大),而将红、黑两表笔对换后测得的电阻都很大(或很小),则假定的基极是正确的。确定基极后,红笔接基极 b,黑笔分别接另两极时测得的电阻均很小,则此管为 PNP 型三极管,反之为 NPN 型。

(2) 判别发射极 e 和集电极 c。若被测管为 PNP 型三极管,假定红笔接的是 c 极,黑笔接的是 e 极。用手指捏住 b、c 两极(或 b、c 间串接一个 100kΩ 电阻)但不要使 b、c 两极直接接触。若测得电阻较小(即 I_c 小),则红笔接的是集电极 c,黑笔接的是发射极 e。

如果两次测得的电阻相差不大，则说明管子的性能较差。按照同样方法可以判别 NPN 型三极管的极性。

(3) 实验中用到的 9011 和 9013 系列的三极管为 NPN 管，9012 为 PNP 管，它们管脚向下，平面面向我们的管脚从左到右依次为 e 、 b 、 c，如图 3.2 所示。

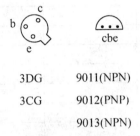

3DG   9011(NPN)

3CG   9012(PNP)

              9013(NPN)

图 3.2 常用三极管的引脚排列

五、实验报告

(1) 使用示波器观察波形时，为了达到下列要求，应调节那些旋钮？

① 波形清晰且亮度高。

② 波形在荧光屏中央且亮度高。

③ 波形完整。

④ 波形稳定。

(2) 总结使用万用表测试二极管和三极管的方法。

3.2 晶体管共射极单管放大器

一、实验目的

(1) 学会放大器静态工作点的调试方法，分析静态工作点对放大器性能的影响。

(2) 掌握放大器电压放大倍数、输入电阻、输出电阻及最大不失真输出电压的测试方法。

(3) 熟悉常用电子仪器及模拟电路实验设备的使用。

(4) 学习放大器的动态性能。

二、预习要求

(1) 认真阅读模拟电路的有关内容，熟悉单级共射放大电路静态工作点的设置。

(2) 根据实验电路所示参数，以获得最大不失真输出电压为原则，估算静态工作点。设 $\beta = 50$，$R_w = 60k\Omega$。

(3) 估算该电路的电压放大倍数 A_v、输入电阻和输出电阻。

(4) 计算当 $R_w = 0$ 和 $R_w = 47k\Omega$ 时的静态工作点。根据实验给定的 V_i，判断输出电压在哪种情况下可能产生截止失真，在哪种情况下可能产生饱和失真。

三、实验仪器

1．双踪示波器　　2．数字万用表　　3．交流毫伏表　　4．函数发生器
5．频率计　　　　6．分立元件放大电路模块

四、实验原理

图 3.3 为电阻分压式工作点稳定单管放大器实验电路图。偏置电路采用 R_{b2} 和 R_{b1} 组成的分压电路，并在发射极接有电阻 R_E(由 R_{e1} 和 R_{e2} 组成)，以稳定放大器的静态工作点。当在放大器的输入端加入输入信号 U_i 后，在放大器的输出端便可得到一个与 U_i 相位相反，幅值被放大了的输出信号 U_o，从而实现了电压放大。在图 3.3 所示的电路中，当流过偏置电阻 R_{b1} 和 R_{b2} 的电流远大于(一般 5～10 倍)晶体管 T 的基极电流 I_B 时，则它的静态工作点可用下式估算，其中 U_{CC} 为+12V 供电电源。

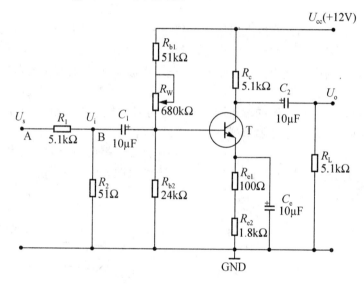

图 3.3　共射极单管放大器实验电路

$$U_B = \frac{R_{b1}}{R_{b1} + R_{b2}} U_{CC} \tag{3-1}$$

$$I_E = \frac{U_B - U_{BE}}{R_E} \approx I_C \tag{3-2}$$

$$U_{CE} = U_{CC} - I_C (R_C + R_E) \tag{3-3}$$

电压放大倍数：
$$A_V = -\beta \frac{R_C \parallel R_L}{r_{be}} \tag{3-4}$$

输入电阻：
$$R_i = R_{b1} \parallel R_{b2} \parallel r_{be} \tag{3-5}$$

输出电阻：
$$R_O \approx R_C \tag{3-6}$$

由于电子器件性能的分散性比较大，因此在设计和制作晶体管放大电路时，离不开测量和调试技术。在设计前应测量所用元器件的参数，为电路设计提供必要的依据，三极管

β 值的测量方法见相关资料中晶体管的主要参数。在完成设计和装配以后，还必须测量和调试放大器的静态工作点和各项性能指标。一个优质的放大器，必定是理论设计与实验调整相结合的产物。

1. 放大器静态工作点的测量与调试

1) 静态工作点的测量

测量放大器的静态工作点，应在输入信号 $U_i=0$ 的情况下进行，即将放大器输入端与地端短接，然后选用量程合适的直流毫安表和直流电压表，分别测量晶体管的集电极电流 I_C 及各电极对地的电位 U_B、U_C 和 U_E。实验中为了避免断开集电极，通常采用测量电压，然后算出 I_C 的方法。例如，只要测出 U_E，即可用 $I_C \approx I_E = U_E/R_E$ 算出 I_C(也可根据 $I_C = (U_{CC}-U_C)/R_C$，由 U_C 确定 I_C)，同时也能算出 $U_{BE} = U_B-U_E$，$U_{CE} = U_C-U_E$。为了减小误差、提高测量精度，应选用内阻较高的直流电压表。

2) 静态工作点的调试

静态工作点是否合适，对放大器的性能和输出波形都有很大影响。如工作点偏高，放大器在加入交流信号以后易产生饱和失真，此时 U_O 的负半周将被削底，如图 3.4(a)所示；如工作点偏低，则易产生截止失真，即 U_O 的正半周被缩顶(一般截止失真不如饱和失真明显)，如图 3.4(b)所示。这些情况都不符合不失真放大的要求，所以在选定工作点以后还必须进行动态调试，即在放大器的输入端加入一定的 U_i，检查输出电压 U_O 的大小和波形是否满足要求。如不满足，则应调节静态工作点的位置。

电源电压 U_{CC} 和电路参数 R_C、$R_B(R_{b1}、R_{b2})$ 的改变都会引起静态工作点的变化，如图 3.5 所示。但通常多采用调节偏置电阻 R_{b2} 的方法来改变静态工作点，如减小 R_{b2}，则可使静态工作点提高等。

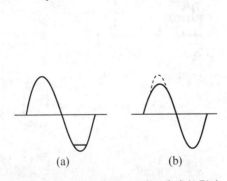

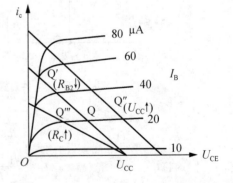

图 3.4　静态工作点对 U_O 波形失真的影响　　　图 3.5　电路参数对静态工作点的影响

最后还要说明的是，上面所说的工作点"偏高"或"偏低"不是绝对的，而是相对信号的幅度而言。如果信号幅度很小，即使工作点较高或较低也不一定会出现失真。所以确切地说，产生波形失真是信号幅度与静态工作点设置配合不当所致。如果需要满足较大信号幅度的要求，静态工作点最好尽量靠近交流负载线的中点。

2. 放大器动态指标测试

放大器动态指标包括电压放大倍数、输入电阻、输出电阻、最大不失真输出电压(动态范围)和通频带等。

1) 电压放大倍数 A_V 的测量

调整放大器到合适的静态工作点，然后加入输入电压 U_i，在输出电压 U_O 不失真的情况下，用交流毫伏表测出有效值 U_i 和 U_o，则

$$A_V = \frac{U_o}{U_i} \tag{3-7}$$

2) 输入电阻 R_i 的测量

为了测量放大器的输入电阻，按图 3.6 连线，在被测放大器的输入端与信号源之间串入一个阻值已知的电阻 R。在放大器正常工作情况下，用交流毫伏表测出 U_S 和 U_i，则根据输入电阻的定义可得：

$$R_i = \frac{U_i}{I_i} = \frac{U_i}{\dfrac{U_R}{R}} = \frac{U_i}{U_S - U_i} R \tag{3-8}$$

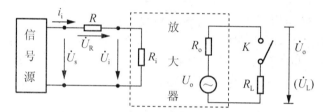

图 3.6　输入、输出电阻测量电路

测量时应注意：

① 由于电阻 R 两端没有电路公共接地点，所以测量 R 两端电压 U_R 时必须分别测出 U_S 和 U_i，然后按 $U_R = U_S - U_i$ 求出 U_R 的值。

② 电阻 R 的值不宜取得过大或过小，以免产生较大的测量误差，通常取 R 与 R_i 为同一数量级为好，本实验可取 $R = 1 \sim 2k\Omega$。

3) 输出电阻 R_O 的测量

按图 3.6 如接线，在放大器正常工作条件下，测出输出端不接负载 R_L 的输出电压 U_O 和接入负载后的输出电压 U_L，根据

$$U_L = \frac{R_L}{R_O + R_L} U_o \tag{3-9}$$

即可求出 R_O

$$R_O = (\frac{U_o}{U_L} - 1) R_L \tag{3-10}$$

在测试中应注意，必须保持 R_L 接入前后输入信号的大小不变。

4) 最大不失真输出电压 U_{OPP} 的测量(最大动态范围)

如上所述，为了得到最大动态范围，应将静态工作点调在交流负载线的中点处。为此，在放大器正常工作情况下，逐步增大输入信号的幅度，并同时调节 R_W(改变静态工作点)，用示波器观察 U_o，当输出波形同时出现削底和缩顶现象(图 3.7)时，说明静态工作点已调

在交流负载线的中点处。然后调整输入信号，当波形输出幅度最大且无明显失真时，用交流毫伏表测出 U_O(有效值)，则动态范围等于 $2\sqrt{2}U_o$，或用示波器直接读出 U_{OPP} 来。

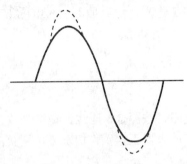

图 3.7　静态工作点正常、输入信号太大引起的失真

5) 放大器频率特性的测量

放大器的频率特性是指放大器的电压放大倍数 A_V 与输入信号频率 f 之间的关系曲线。单管阻容耦合放大电路的幅频特性曲线如图 3.8 所示，A_{Vm} 为中频电压放大倍数，通常规定电压放大倍数随频率变化降到中频放大倍数的 $1/\sqrt{2}$ 倍，即为 $0.707A_{Vm}$ 时所对应的频率分别称为下限频率 f_L 和上限频率 f_H，则通频带

$$f_{BW}=f_H-f_L \tag{3-11}$$

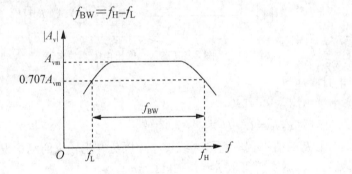

图 3.8　幅频特性曲线图

放大器的幅频特性就是测量不同频率信号时的电压放大倍数 A_V。可采用前述测量 A_V 的方法，每改变一个信号频率，测量其相应的电压放大倍数。测量时应注意取点要恰当，在低频段与高频段应多测几点，在中频段可以少测几点。此外，在改变频率时，要保持输入信号的幅度不变，且输出波形不得失真。

6) 干扰和自激振荡的消除

可参考教材相关章节。

五、实验内容

实验电路如图 3.3 所示。各电子仪器可按图 3.9 所示方式连接，为防止干扰，各仪器的公共端必须连在一起，同时信号源、交流毫伏表和示波器的引线应采用专用电缆线或屏蔽线。如使用屏蔽线，则屏蔽线的外包金属网应接在公共接地端。

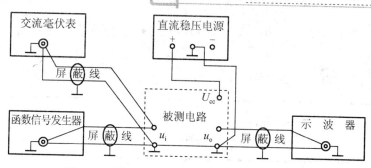

图 3.9 模拟电路常用实验仪器仪表相互关系

1. 测量静态工作点

接通电源前，将 R_W 调至最大，放大器工作点最低，函数信号发生器的输出幅度旋钮旋至零。

接通+12V 电源，调节 R_W，使 $I_C \approx 1.1\text{mA}$(即 $U_E \approx 2\text{V}$)，用直流电压表测量 U_B、U_E、U_C 的值，记入表 3-2 中。

表 3-2 实验数据 $I_C=($ $)\text{mA}$

测 量 值			计 算 值		
$U_B(\text{V})$	$U_E(\text{V})$	$U_C(\text{V})$	$U_{BE}(\text{V})$	$U_{CE}(\text{V})$	$I_C(\text{mA}) \approx I_E$

2. 测量电压放大倍数

在放大器输入端(B 点)加入频率为 1kHz 的正弦信号，调节函数信号发生器的输出旋钮，使 $U_i = 5 \sim 10\text{mV}$。同时用示波器观察放大器输出电压 U_o(R_L 两端)的波形，在波形不失真的条件下用交流毫伏表测量下述 4 种情况下的 U_o 值，并用双踪示波器观察 U_o 和 U_i 的相位关系，记入表 3-3 中。

表 3-3 实验数据 $I_C=($ $)\text{mA}$, $U_i=($ $)\text{mV}$

$R_C(\text{k}\Omega)$	$R_L(\text{k}\Omega)$	$U_O(\text{V})$	A_V	观察记录一组 U_o 和 U_i 波形
2	2.2			
2	5.1			
2	∞			
5.1	2.2			
5.1	5.1			
5.1	∞			

注意：由于所测的 U_o 为有效值，故峰峰值 U_i 需要转化为有效值或用毫伏表测得的 U_i 来计算 A_V 值。切记不能万用表，毫伏表测量的都是有效值，而示波器观察的是峰峰值、最大值或有效值等。

3. 观察静态工作点对电压放大倍数的影响

置 $R_C = 5.1\text{k}\Omega$，$R_L = \infty$，U_i 适量，调节 R_W，用示波器观察输出电压的波形，在 U_o 不

失真的条件下，测量数组 I_C 和 U_O 值，记入表 3-4 中。测量 I_C 时，要使 $U_i=0$(断开输入信号并接地)。

表 3-4　实验数据　　　　　　　　　$R_C=5.1\text{k}\Omega$, $R_L=\infty$, $U_i=(\quad)\text{mV}$

I_C(mA)						
U_o(mV)						
A_v						

4. 观察静态工作点对输出波形失真的影响

置 $R_C=5.1\text{k}\Omega$, $R_L=5.1\text{k}\Omega$, 使 $U_i=0\text{V}$, 调节 R_W 使 $I_C=1.5\text{mA}$(参见本实验步骤 1), 测出 U_{CE} 的值。调节信号发生器，输出一个频率为 1kHz、$U_i=5\sim10\text{mV}$ 的正弦波作为放大器输入信号 U_i, 再逐步加大输入信号，使输出电压 U_o 足够大但不失真。然后保持输入信号不变，分别增大和减小 R_W, 使波形出现失真，绘出 U_o 的波形，并测出失真情况下的 I_C 和 U_{CE} 的值，记入表 3-5 中。每次测 I_C 和 U_{CE} 值时，要使输入信号为零(即使 $U_i=0$)。

表 3-5　实验数据　　　　　　$R_C=5.1\text{k}\Omega$, $R_L=5.1\text{k}\Omega$, $U_i=(\quad)\text{mV}$

I_C(mA)	U_{CE}(V)	U_O 波形	失真情况	管子工作状态
1.5				

5. 测量最大不失真输出电压

置 $R_C=5.1\text{k}\Omega$, $R_L=5.1\text{k}\Omega$, 按照实验原理 4)中所述方法，同时调节输入信号的幅度和 R_W, 用示波器和交流毫伏表测量 U_{OPP} 及 U_O 的值，记入表 3-6 中。

表 3-6　实验数据　　　　　　　　　　$R_C=5.1\text{k}\Omega$, $R_L=5.1\text{k}\Omega$

I_C(mA)	U_i(mV)	U_{om}(V)	U_{opp}(V)

6. 测量输入电阻和输出电阻

置 $R_C=5.1\text{k}\Omega$, $R_L=5.1\text{k}\Omega$, $I_C\approx1.1\text{mA}$。输入 $f=1\text{kHz}$ 的正弦信号(从 A 点输入)，在输出电压 U_O 不失真的情况下，用交流毫伏表测出 U_S、U_i 和 U_L, 记入表 3-7 中。

保持 U_S 不变，断开 R_L, 测量输出电压 U_O, 记入表 3-7 中。

表 3-7　实验数据　　　　　　$I_C=(\quad)\text{mA}$, $R_C=5.1\text{k}\Omega$, $R_L=5.1\text{k}\Omega$

U_S(mV)	U_i(mV)	R_i(kΩ)		U_L(V)	U_o(V)	R_O(kΩ)	
		测量值	计算值			测量值	计算值

7．测量幅频特性曲线

取 $I_C \approx 1.1\text{mA}$，$R_c = 5.1\text{k}\Omega$，$R_L = 5.1\text{k}\Omega$。保持输入信号 U_i(从 B 点输入)的幅度不变，改变信号源频率 f，逐点测出相应的输出电压 U_O，记入表 3-8 中。

表 3-8　实验数据　　　　　　　　　　　　　　$(U_i = ($　　　$)\text{mV})$

	f_L		f_O		f_H	
$f(\text{kHz})$						
$U_o(V)$						
$A_v = U_o/U_i$						

为了使频率 f 的取值合适，可先粗略测量一下，找出中频范围，然后再仔细读数。

说明：本实验内容较多，其中 3、4、7 可作为选做内容。

六、实验报告

(1) 列表整理测量结果，并把实测的静态工作点、电压放大倍数、输入电阻、输出电阻的值与理论计算值比较(取一组数据进行比较)，分析产生误差的原因。

(2) 总结 R_C、R_L 及静态工作点对放大器放大倍数、输入电阻、输出电阻的影响。

(3) 讨论静态工作点变化对放大器输出波形的影响。

(4) 分析并讨论在调试过程中出现的问题。

七、问题分析

(1) 能否用直流电压表直接测量晶体管的 U_{BE}？为什么实验中要采用先测 U_B、U_E 再间接算出 U_{BE} 的方法？

(2) 当调节偏置电阻 R_{b1}，使放大器输出波形出现饱和失真或截止失真时，晶体管的管压降 U_{CE} 怎样变化？

(3) 改变静态工作点对放大器的输入电阻 R_i 是否有影响？改变外接电阻 R_L 对输出电阻 R_O 是否有影响？

3.3　射极输出器

一、实验目的

(1) 掌握射极输出器的特点。

(2) 进一步学习放大器各项参数的测试方法。

二、实验仪器

1．+12V 直流电源　　　　　　　　　　2．函数信号发生器

3．双踪示波器(另配)　　　　　　　　　4．交流毫伏表

5. 直流电压表　　　　　　　　　　6. 频率计

7. 3DG6、电阻器、电容及插线若干。

三、预习要求

(1) 参照教材有关章节内容，熟悉射极跟随器原理及特点。

(2) 根据图 3.10 所示的元器件参数，估算静态工作点，画交直流负载线。

四、实验原理

射极跟随器的原理图如图 3.10 所示。它是一个电压串联负反馈放大电路，具有输入电阻高、输出电阻低、电压放大倍数接近于 1、输出电压能够在较大范围内跟随输入电压作线性变化以及输入、输出信号同相等特点。射极跟随器的输出取自发射极，故称其为射极输出器。

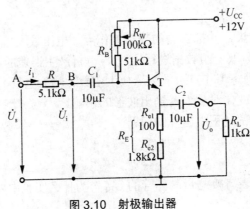

图 3.10　射极输出器

1. 输入电阻 R_i

$$R_i = r_{be} + (1+\beta)R_E \tag{3-12}$$

如考虑偏置电阻 R_B 和负载 R_L 的影响，则

$$R_i = R_B \| [r_{be} + (1+\beta)R_E \| R_L] \tag{3-13}$$

由上式可知，射极跟随器的输入电阻 R_i 比共射极单管放大器的输入电阻 $R_i = R_B\|r_{be}$ 要高得多，但由于偏置电阻 R_B 的分流作用，输入电阻难以进一步提高。

输入电阻的测试方法同单管放大器，实验线路如图 3.10 所示。

$$R_i = \frac{U_i}{I_i} = \frac{U_i}{\dfrac{U_R}{R}} = \frac{U_i}{U_S - U_i}R \tag{3-14}$$

即只要测得 A、B 两点的对地电位即可计算出 R_i。

2. 输出电阻 R_O

$$R_O = \frac{r_{be}}{\beta} \| R_E \approx \frac{r_{be}}{\beta} \tag{3-15}$$

如考虑信号源的内阻 R_S，则

$$R_O = \frac{r_{be} + (R_S \parallel R_B)}{\beta} \parallel R_E \approx \frac{r_{be} + (R_S \parallel R_B)}{\beta} \tag{3-16}$$

由上式可知，射极跟随器的输出电阻 R_O 比共射极单管放大器的输出电阻 $R_O \approx R_C$ 低得多。三极管的 β 愈高，输出电阻愈小。

输出电阻 R_O 的测试方法亦同单管放大器，即先测出空载输出电压 U_O，再测接入负载 R_L 后的输出电压 U_L，根据

$$U_L = \frac{R_L}{R_O + R_L} U_O \tag{3-17}$$

即可求出 R_O：

$$R_O = \left(\frac{U_O}{U_L} - 1\right) R_L \tag{3-18}$$

3. 电压放大倍数 A_v

$$A_V = \frac{(1+\beta)(R_E \parallel R_L)}{r_{be} + (1+\beta)(R_E \parallel R_L)} \leqslant 1 \tag{3-19}$$

上式说明，射极跟随器的电压放大倍数略小于 1，而接近于 1，且为正值。这是深度电压负反馈的结果。但它的射极电流仍比基流大 $(1+\beta)$ 倍，所以它具有一定的电流和功率放大作用。

4. 电压跟随范围

电压跟随范围是指射极跟随器输出电压 U_O 跟随输入电压 U_i 作线性变化的区域。当 U_i 超过一定范围时，U_O 便不能跟随 U_i 作线性变化，即 U_O 波形产生了失真。为了使输出电压 U_O 的正、负半周对称，并充分利用电压跟随范围，静态工作点应选在交流负载线中点处，测量时可直接用示波器读取 U_O 的峰峰值，即电压跟随范围；或用交流毫伏表读取 U_O 的有效值，则电压跟随范围 $U_{OPP} = 2\sqrt{2} U_O$。

五、实验内容

1. 按图 3.10 连接电路(该电路需学生利用实验台面板上的元件自行搭接)

2. 静态工作点的调整

接通 +12V 电源，在 B 点加入 $f = 1\text{kHz}$ 正弦信号 U_i(U_i 大于 100mV)，输出端用示波器监视，反复调整 R_W 及信号源的输出幅度，使在示波器的屏幕上得到一个最大不失真输出波形。然后置 $U_i = 0\text{V}$，用直流电压表测量晶体管各电极对地电位，将测得数据记入表 3-9 中。

表 3-9　实验数据

$U_E(\text{V})$	$U_B(\text{V})$	$U_C(\text{V})$	$I_E = U_E/R_E$

在下面整个测试过程中应保持 R_W 值不变(即 I_E 不变)。

3. 测量电压放大倍数 A_V

接入负载 $R_L=1k\Omega$，在 B 点加 $f=1kHz$ 的正弦信号 U_i，调节输入信号幅度，用示波器观察输出电压 U_o 的波形，在输出最大不失真的情况下，用交流毫伏表测 U_i、U_L 值，记入表 3-10 中。

表 3-10　实验数据

$U_i(V)$	$U_L(V)$	$A_V= U_L/U_i$

4. 测量输出电阻 R_O

断开负载 R_L，在 B 点加 $f=1kHz$ 的正弦信号 U_i(幅度通常取 100mV，下同)，用示波器监视输出波形，测空载输出电压 U_o。接上负载 $R_L=1k\Omega$，测出带负载时的输出电压 U_L，记入表 3-11 中。

表 3-11　实验数据

$U_o(V)$	$U_L(V)$	$R_o=(U_o/U_L-1)R_L(k\Omega)$

5. 测量输入电阻 R_i

在 A 点加 $f=1kHz$ 的正弦信号 U_s，使得 U_i 在 100mV 以上，用示波器监视输出波形，用交流毫伏表分别测出 A、B 两点对地的电位 U_s、U_i，记入表 3-12 中。

表 3-12　实验数据

$U_s(V)$	$U_i(V)$	$R_i=\dfrac{U_i}{U_s - U_i} R(k\Omega)$

6. 测试跟随特性

接入负载 $R_L=1k\Omega$，在 B 点加入 $f=1kHz$ 正弦信号 U_i，逐渐增大信号 U_i 的幅度，用示波器监视输出波形直至输出波形达最大不失真，测量对应的 U_L 值，记入表 3-13 中。

表 3-13　实验数据

$U_i(V)$	
$U_L(V)$	

7. 测试频率响应特性

保持输入信号 U_i 的幅度不变，改变信号源的频率，用示波器监视输出波形，用交流毫伏表测量不同频率下的输出电压 U_L 值，记入表 3-14 中。

表 3-14　实验数据

f(kHz)	
U_L(V)	

六、实验报告

(1) 分析射极跟随器的性能和特点。

(2) 整理数据并列表进行比较，分析产生误差的原因。

3.4　场效应管放大器

一、实验目的

(1) 了解结型场效应管的性能和特点。

(2) 进一步熟悉放大器动态参数的测试方法。

二、实验原理

场效应管是一种电压控制型器件，按结构可分为结型和绝缘栅型两种类型。由于场效应管栅源之间处于绝缘或反向偏置，所以输入电阻很高(一般可达上百兆欧)；又由于场效应管是一种多数载流子控制器件，因此其热稳定性好、抗辐射能力强、噪声系数小；加之制造工艺较简单，便于大规模集成，因此得到越来越广泛的应用。

1. 结型场效应管的特性和参数

场效应管的特性主要有输出特性和转移特性。图 3.11 所示为 N 沟道结型场效应管 3DJ6F 的输出特性和转移特性曲线。其直流参数主要有饱和漏极电流 I_{DSS}、夹断电压 U_P 等；交流参数主要有低频跨导：

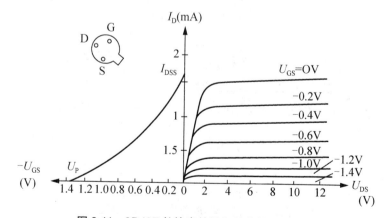

图 3.11　3DJ6F 的输出特性和转移特性曲线

$$g_m = \frac{I_D}{U_{GS}}\bigg|_{U_{DS}=常数} \tag{3-20}$$

表 3-15 列出了 3DJ6F 的典型参数值及测试条件。

表 3-15 3DJ6F 的典型参数和测试条件

参数名称	饱和漏极电流 I_{DSS}(mA)	夹断电压 U_p(V)	跨导 g_m(μA/V)
测试条件	U_{DS}=10V U_{GS}=0V	U_{DS}=10V I_{DS}=50μA	U_{DS}=10V I_{DS}=3mA F=1kHz
参数值	1~3.5	<|−9|	>100

2. 场效应管放大器的性能分析

图 3.12 为结型场效应管组成的共源极放大电路。其静态工作点：

$$U_{GS}=U_G - U_S = \frac{R_{g1}}{R_{g1}+R_{g2}}U_{DD} - I_D R_s \tag{3-21}$$

$$I_D = I_{DSS}(1 - \frac{U_{GS}}{U_p})^2 \tag{3-22}$$

中频电压放大倍数： $\quad A_V = -g_m R_L' = -g_m R_D \parallel R_L \tag{3-23}$

输入电阻： $\quad R_i = R_G + R_{g1} \parallel R_{g2} \tag{3-24}$

输出电阻： $\quad R_O \approx R_D \tag{3-25}$

式中跨导 g_m 可由特性曲线用作图法求得，或用公式：

$$g_m = - \frac{2I_{DSS}}{U_p}(1 - \frac{U_{GS}}{U_p}) \tag{3-26}$$

计算。但要注意，计算时 U_{GS} 要用静态工作点处的数值。

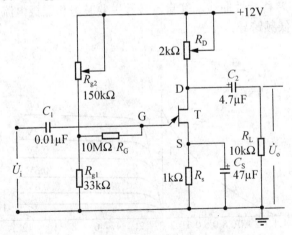

图 3.12 结型场效应管共源极放大器

3. 输入电阻的测量方法

场效应管放大器的静态工作点、电压放大倍数和输入电阻的测量方法，与实验 3.2 中双极型晶体管放大器的测量方法相同。输入电阻的测量电路如图 3.13 所示。在放大器的输

入端串入电阻 R，把开关 K 掷向位置 1(即使 $R=0$)，测量放大器的输出电压 $U_{O1}=A_V U_S$；保持 U_S 不变，再把 K 掷向 2(即接入 R)，测量放大器的输出电压 U_{O2}。由于两次测量中 A_V 和 U_S 保持不变，故

$$U_{O2}=A_V U_i=\frac{R_i}{R+R_i}U_S A_V \tag{3-27}$$

由此可以求出

$$R_i=\frac{U_{O2}}{U_{O1}-U_{O2}}R \tag{3-28}$$

式中 R 和 R_i 不要相差太大，本实验可取 $R=100\sim200\text{k}\Omega$。

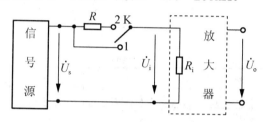

图 3.13　输入电阻测量电路

三、实验仪器

1．+12V 直流电源　　　　2．函数信号发生器　　　　3．双踪示波器(另配)
4．交流毫伏表　　　　　　5．直流电压表　　　　　　6．场效应管电路模块
7．结型场效应管 3DJ6F×1　8．电阻器、电容器若干

四、预习要求

(1) 复习有关场效应管部分的内容，并分别用图解法与计算法估算管子的静态工作点(根据实验电路参数估算)，求出工作点处的跨导 g_m。

(2) 场效应管放大器输入回路的电容 C_1 为什么可以取得小一些(可以取 $C_1=0.1\mu\text{F}$)?

(3) 测量场效应管静态工作电压 U_{GS} 时，能否用直流电压表直接并在 G、S 两端测量? 为什么?

(4) 为什么在测量场效应管的输入电阻时要用测量输出电压的方法?

五、实验内容

1．静态工作点的测量和调整

(1) 根据附录查阅，或用图示仪测量实验中所用场效应管的特性曲线和参数，记录下来备用。

(2) 按图 3.12 连接电路(自行搭接电路，各连线尤其是接地连线应尽量短)，接通+12V 电源，用直流电压表测量 U_G、U_S 和 U_D。检查静态工作点是否在特性曲线放大区的中间部分。如合适则把结果记入表 3-16 中。

(3) 若不合适，则适当调整 R_{g2} 和 R_S，调好后，再测量 U_G、U_S 和 U_D 并记入表 3-16 中。

表 3-16　实验数据

测　　量　　值						计　　算　　值		
U_{G}(V)	U_{S}(V)	U_{D}(V)	U_{DS}(V)	U_{GS}(V)	I_{D}(mA)	U_{DS}(V)	U_{GS}(V)	I_{D}(mA)

2. 电压放大倍数 A_V、输入电阻 R_i 和输出电阻 R_O 的测量

1) A_V 和 R_O 的测量

在放大器的输入端加入 $f=1\text{kHz}$ 的正弦信号 U_i(约 50～100mV)，并用示波器监视输出电压 U_O 的波形。在输出电压 U_O 没有失真的条件下，用交流毫伏表分别测量 $R_L=\infty$ 和 $R_L=10\text{k}\Omega$ 时的输出电压 U_O(注意：保持 U_i 不变)，记入表 3-17 中。

表 3-17　实验数据

	测　量　值				计算值		U_i 和 U_o 波形
	U_i(V)	U_o(V)	A_V	R_o(kΩ)	A_V	R_o(kΩ)	
$R_L=\infty$							
$R_L=10\text{k}\Omega$							

用示波器同时观察 U_i 和 U_O 的波形，描绘出来并分析它们的相位关系。

2) R_i 的测量

按图 3.13 改接实验电路，选择大小合适的输入电压 U_S(约 50～100mV)。将开关 K 掷向 1，测出 $R=0$ 时的输出电压 U_{O1}；然后将开关掷向 2(接入 R)，保持 U_S 不变，再测出 U_{O2}，根据公式 $R_i=\dfrac{U_{O2}}{U_{O1}-U_{O2}}R$ 求出 R_i，记入表 3-18 中。

表 3-18　实验数据

测　　量　　值			计　　算　　值
U_{O1}	U_{O2}	R_i(kΩ)	R_i(kΩ)

六、实验报告

(1) 整理实验数据，将测得的 A_V、R_i、R_O 和理论计算值进行比较。

(2) 将场效应管放大器与晶体管放大器进行比较，总结场效应管放大器的特点。

(3) 分析测试中的问题，总结实验收获。

3.5　两级放大电路

一、实验目的

(1) 掌握合理设置静态工作点的方法。

(2) 学会放大器频率特性测试方法。

(3) 了解放大器的失真及消除方法。

二、实验仪器

1. 双踪示波器　　　2. 数字万用表　　　3. 信号发生器

4. 数字万用表　　　5. 交流毫伏表　　　6. 分立元件放大电路模块

三、预习要求

(1) 复习教材多级放大电路内容及频率响应特性测量方法。

(2) 分析图 3.14 中的两级交流放大电路，初步估计测试内容的变化范围。

四、实验原理

图 3.14 所示是两级阻容耦合共射极放大电路，该电路采用大电容作极间耦合，其优点在于静态工作点互不影响，便于设计、分析、调试，但低频特性差，且大电容不利于集成化，因此多用于分离原件组成的电路。

第一级和第二级之间通过电容 C_2 实现级间耦合，由于电容的隔直作用，所以，两级放大器的静态工作点是相互独立的，可以像单极放大器那样进行独立调整。

第一级输出 U_{o1} 即是第二级输入 U_{i2}，第一级的放大倍数：

$$A_{V1} = \frac{U_{O1}}{U_i} = -\frac{\beta_1 (R_{C1} \parallel R_{i2})}{r_{be1}} \tag{3-29}$$

式中，$R_{i2} = r_{be2}$。

第二级的放大倍数：

$$A_{V2} = \frac{U_O}{U_{i2}} = \frac{U_O}{U_{01}} = -\frac{\beta_2 (R_{C2} \parallel R_L)}{r_{be2}} \tag{3-30}$$

总放大倍数为：

$$A_V = \frac{U_O}{U_i} = \frac{U_{O1}}{U_i} \cdot \frac{U_O}{U_{i2}} = A_{V1} \cdot A_{V2} = \frac{\beta_1 (R_{C1}^{\bullet} \parallel R_{i2}^{\bullet})}{r_{be1}} \cdot \frac{\beta_2 (R_{C2} \parallel R_L)}{r_{be2}} \tag{3-31}$$

式(3-31)只有在把第二级输入电阻作为第一级的负载时才有意义。

五、实验内容

(1) 实验电路如图 3.14 所示。

(2) 设置静态工作点。

① 按图 3.14 接线，注意接线尽可能短。

② 静态工作点设置：要求第二级在输出波形不失真的前提下幅值尽量大，第一级为增加信噪比静态工作点应尽可能低。

③ 在输入端加上频率为 1kHz 幅度为 1mV 的交流信号(一般采用实验箱上加衰减的办法，即信号源用一个较大的信号，例如，100mV，在实验板上经 100∶1 衰减电阻降为 1mV)，

调整工作点使输出信号不失真。

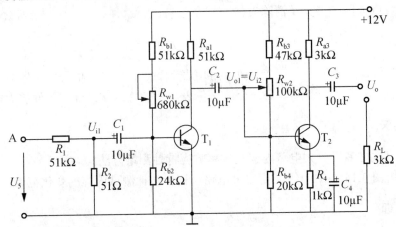

图 3.14 两极交流放大电路

注意：如发现有寄生振荡，可采用以下措施消除。

① 重新布线，使连线尽可能短。

② 可在三极管的 e、b 两极间加几皮法到几百皮法的电容。

③ 信号源与放大器用屏蔽线连接。

按表 3-19 要求测量并计算，注意测量静态工作点时应断开输入信号。

表 3-19 实验数据

静态工作点(使用万用表测)						输入/输出电压 (mV)(使用示波器测)			电压放大倍数		
第一级			第二级						第一极	第二极	整体
V_{c1}	V_{b1}	V_{e1}	V_{c2}	V_{b2}	V_{e2}	V_i	V_{o1}	V_{o2}	A_{V1}	A_{V2}	A_V
负载											
空载											

(3) 接入负载电阻 $R_L=3\text{k}\Omega$，按表 3-19 测量并计算，比较实验内容(2)、(3)的结果。

(4) 测两级放大器的频率特性。

① 将放大器负载断开，先将输入信号频率调到 1kHz，幅度调到使输出幅度最大且不失真。

② 保持输入信号幅度不变，改变频率，按表 3-20 测量并记录。

③ 接上负载，重复上述实验。

表 3-20 实验数据

f(Hz)		50	100	250	500	1000	5k	10k	100k	200k
V_O	$R_L=\infty$									
	$R_L=3\text{k}\Omega$									

六、实验报告

(1) 整理实验数据，分析实验结果。

(2) 画出实验电路的频率特性简图，标出 f_H 和 f_L。

(3) 写出增加频率范围的方法。

3.6 差动放大电路

一、实验目的

(1) 熟悉差动放大器工作原理。

(2) 掌握差动放大器的基本测试方法。

二、实验仪器

1. 双踪示波器 2. 信号源 3. 数字万用表 4. 差分放大模块

三、预习要求

(1) 计算图 3.15 所示电路的静态工作点(设 $r_{be}=3k\Omega$，$\beta=100$)及电压放大倍数。

(2) 在图 3.15 的基础上画出单端输入和共模输入的电路。

四、实验原理

图 3.15 所示电路为具有恒流源的差动放大器，其中晶体管 T_1、T_2 称为差分对管，它与电阻 R_{B1}、R_{B2}、R_{C1}、R_{C2} 及电位器 R_W 共同组成差动放大的基本电路。其中，$R_{B1}=R_{B2}=R$，$R_{C1}=R_{C2}=R_C$，R_W 为调零电位器。若电路完全对称，则静态时，R_W 应处于中点位置；若电路不对称，应调节 R_W，使静态时 U_{C1}、U_{C2} 两端的电位相等。

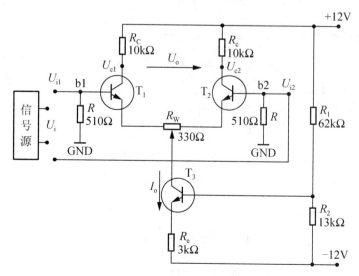

图 3.15　差分放大电路

晶体管 T_3 与电阻 R_1、R_2 和 R_e 组成恒流源电路，为差动放大器提供恒定电流 I_0。由于电路参数完全对称，当外界温度变化或电源电压波动时，对电路的影响是一样的，因此差动放大器能有效地抑制零点漂移。

1. 差动放大电路的输入输出方式

如图 3.15 所示电路，根据输入信号和输出信号的不同，差动放大电路可以有如下 4 种连接方式。

(1) 双端输入：双端输出将差模信号加在 U_{i1}、U_{i2} 两端，输出取自 U_{c1}、U_{c2} 两端。

(2) 双端输入：单端输出将差模信号加在 U_{i1}、U_{i2} 两端，输出取自 U_{c1} 或 U_{c2} 到地信号。

(3) 单端输入：双端输出将差模信号加在 U_{i1} 上，U_{i2} 接地(或 U_{i1} 接地而信号加在 U_{i2} 上)，输出取自 U_{c1}、U_{c2} 两端。

(4) 单端输入：单端输出将差模信号加在 U_{i1} 上，U_{i2} 接地(或 U_{i1} 接地而信号加在 U_{i2} 上)，输出取自 U_{c1} 或 U_{c2} 到地信号。

2. 静态工作点的计算

静态时差动放大器的输入端不加信号，由恒流源电路得

$$I_O = \frac{\dfrac{R_2}{R_1 + R_2}(U_{CC} + |U_{EE}|) - U_{BE}}{R_e} \tag{3-32}$$

由上式可见，I_O 主要由 U_{cc}、$-U_{EE}$ 及电阻 R_1、R_2 和 R_e 决定。由于差动放大器中的 T_1、T_2 参数对称，故由电路可得

$$I_{C1} = I_{C2} = \frac{I_O}{2} \tag{3-33}$$

$$U_{C1} = U_{C2} = U_{CC} - I_C R_C = U_{CC} - \frac{I_0 R_C}{2} \tag{3-34}$$

3. 差模电压放大倍数和共模电压放大倍数

当差动放大器的射极电阻 R_E 足够大或采用恒流源电路时，差模电压放大倍数 A_d 由输出端方式决定，而与输入方式无关。

差模输入-双端输出，$R_L = \infty$，R_W 在中心位置时，

$$A_d = \frac{\Delta U_O}{\Delta U_i} = \frac{\beta R_C}{R + r_{be} + \dfrac{1}{2}(1 + \beta)R_W} \tag{3-35}$$

差模输入-单端输出时，$\quad A_{d1} = \dfrac{\Delta U_{C1}}{\Delta U_i} = \dfrac{1}{2} A_d \tag{3-36}$

$$A_{d2} = \frac{\Delta U_{C2}}{\Delta U_i} = -\frac{1}{2} A_d \tag{3-37}$$

当输入共模信号时，若为单端输出，则有

$$A_{C1} = A_{C2} = \frac{\Delta U_{C1}}{\Delta U_i} = \frac{-\beta R_C}{R_B + r_{be} + (1+\beta)(\frac{1}{2}R_W + 2R_E)} \approx -\frac{R_C}{2R_E} \qquad (3\text{-}38)$$

若采用恒流源电路，R_E 为无穷大，则 $A_{C1} = A_{C2} = \infty$。

若为双端输出，在理想情况下，

$$A_C = \frac{\Delta U_O}{\Delta U_i} = 0 \qquad (3\text{-}39)$$

实际上，由于元件不可能完全对称,因此 A_C 也不会绝对等于零。

4. 共模抑制比 CMRR

为了表征差动放大器对有用信号(差模信号)的放大作用和对共模信号的抑制能力，通常用一个综合指标来衡量，即共模抑制比。

$$CMRR = \left| \frac{A_d}{A_c} \right|$$

或
$$CMRR = 20 \lg \left| \frac{A_d}{A_c} \right| (dB) \qquad (3\text{-}40)$$

差动放大器的输入信号可采用直流信号也可用交流信号。本实验由函数信号发生器提供频率 f＝1kHz 的正弦信号作为输入信号，由于该信号发生器为不平衡输出方式，所以在双端差模输入时，信号发生器与放大器输入端 A、B 之间需加接平衡输入变压器。

五、实验内容

实验电路如图 3.15 所示。

1. 测量静态工作点

1) 调零

将输入端短路并接地，接通直流电源，调节电位器 R_w 使双端输出电压 U_O＝0V。

2) 测量静态工作点

测量三极管 T_1、T_2、T_3 的各极对地电压，并填入表 3-21 中。

表 3-21　实验数据

对地电压	U_{C1}	U_{C2}	U_{C3}	U_{b1}	U_{b2}	U_{b3}	U_{e1}	U_{e2}	U_{e3}
测量值(V)									

2. 测量差模电压放大倍数

在输入端加入直流电压信号 U_{id}＝±0.1V，按表 3-22 要求测量并记录，由测量数据算出单端和双端输出的电压放大倍数。注意，先调好 DC 信号的 OUT_1 和 OUT_2，使其分别为 ＋0.1V 和 −0.1V，然后再接入 U_{i1} 和 U_{i2}。

3. 测量共模电压放大倍数

将输入端 b_1、b_2 短接后接到信号源的输入端，信号源另一端接地。DC 信号分先后接

OUT$_1$ 和 OUT$_2$，分别测量并填入表 3-22 中。由测量数据算出单端和双端输出的电压放大倍数，进一步算出共模抑制比 CMRR＝$|A_d/A_c|$。

表 3-22　实验数据

测量及计算值　　　　输入信号	差模输入						共模输入						共模抑制比计算值
	测量值(V)			计算值			测量值(V)			计算值			
	U_{c1}	U_{c2}	U_o	A_{d1}	A_{d2}	A_d	U_{c1}	U_{c2}	U_O	A_{c1}	A_{c2}	A_c	CMRR
+0.1V													
-0.1V													

4. 在实验板上组成单端输入的差动电路进行下列实验

(1) 在图 3.15 中将 b$_2$ 接地，组成单端输入差动放大器，从 b$_1$ 端输入直流信号 U_i＝±0.1V，测量单端及双端输出，记录电压值并填入表 3-23 中。计算单端输入时的单端及双端输出的电压放大倍数，并与双端输入时的单端及双端输出差模电压放大倍数进行比较。

表 3-23　实验数据

测量仪计算值　　　　输入信号	电压值			放大倍数 A_V
	U_{c1}	U_{c2}	U_o	
直流＋0.1V				
直流－0.1V				
正弦信号(50mV、1kHz)				

(2) 在 b$_1$ 端加入正弦交流信号 U_i＝0.05V，f＝1kHz。分别测量、记录单端及双端输出电压，填入表 3-23 中并计算单端及双端输出的差模放大倍数。

注意：输入交流信号时，用示波器监视 U_{C1}、U_{C2} 的波形，若出现失真现象，可减小输入电压值，直到使 U_{C1}、U_{C2} 的波形都不失真为止。

六、实验报告

(1) 根据实测数据计算图 3.15 所示电路的静态工作点，并与预习时计算出的结果相比较。

(2) 整理实验数据，计算各种接法得到的 A_d，并与理论计算值相比较。

(3) 计算实验步骤 3 中 A_C 和 CMRR 值。

(4) 总结差分放大电路的性能和特点。

3.7　负反馈放大电路

一、实验目的

(1) 研究负反馈对放大器性能的影响。

(2) 掌握负反馈放大器性能的测试方法。

二、实验仪器

1．双踪示波器　　　2．音频信号发生器　　　3．数字万用表
4．分立元件放大模块

三、预习要求

(1) 认真阅读实验内容及要求，估计待测量值的变化趋势。

(2) 图 3.16 所示电路中晶体管的 β 值为 120，分别计算该放大器开环和闭环时的电压放大倍数。

四、实验原理

负反馈在电子电路中有着非常广泛的应用。虽然它使放大器的放大倍数降低，但能在多方面改善放大器的动态指标，如稳定放大倍数，改变输入、输出电阻，减小非线性失真和展宽通频带等。因此，几乎所有的实用放大器都带有负反馈电路。

负反馈放大器有 4 种组态，即电压串联、电压并联、电流串联、电流并联。本实验以电压串联负反馈为例，分析负反馈对放大器各项性能指标的影响。

(1) 带有负反馈的两极阻容耦合放大电路如图 3.16 所示（R_F、C_F 支路），在电路中通过 R_F 把输出的电压 U_o 反馈到输入端，加在晶体管 T_1 的发射极上，在发射极电阻 R_6 上形成反馈电压 U_f。根据反馈的判断方法可知，它属于电压串联负反馈。

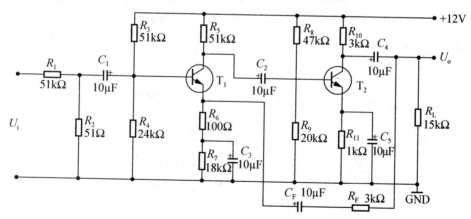

图 3.16　负反馈放大电路

其主要性能指标如下。

① 闭环电压放大倍数 A_{Vf}。

$$A_{vf} = \frac{A_V}{1 + A_V F} \tag{3-41}$$

其中，$A_V = U_o / U_i$ 为基本放大器(无反馈)的电压放大倍数，即开环电压放大倍数；$1 + A_V F$ 为反馈深度，它的大小决定了负反馈对放大器性能改善的程度。

② 反馈系数。

$$F = \frac{R_6}{R_F + R_6} \tag{3-42}$$

③ 输入电阻。 $\qquad R_{if} = (1 + A_V F) R_i' \tag{3-43}$

其中，R_i' 为基本放大器的输入电阻(不包括偏置电阻)。

④ 输出电阻。 $\qquad R_{of} = R_o/(1 + A_o F) \tag{3-44}$

其中，R_o 为基本放大器的输出电阻；A_o 为基本放大器 $R_L = \infty$ 时的开环电压放大倍数。

(2) 本实验还需要测量基本放大器的动态参数，怎样实现无反馈而得到基本放大器呢？不能简单地断开反馈支路，而是要去掉反馈作用，但又要把反馈网络的影响(负载效应)考虑到基本放大器中去。

① 在画基本放大器的输入回路时，因为是电压负反馈，所以可将负反馈放大器的输出端交流短路，即令 $U_o = 0$，此时 R_F 相当于并联在 R_6 上。

② 在画基本放大器的输出回路时，由于输入端是串联负反馈，因此需将反馈放大器的输入端(T_1 管的射极)开路，此时 $R_F + R_6$ 相当于并联接在输出端。可近似认为 R_F 接在输出端。

(3) 抑制放大电路内部的温漂、噪声及干扰。当噪声、干扰来自电路内部时，负反馈能起到抑制作用，这时只要加大有用信号，以提高信噪比(S/N)。如果噪声、干扰混在有用信号中或来自电路外部，则负反馈无能为力，只能用屏蔽、隔离、滤波或消除干扰源等手段加以剔除。

(4) 频率响应特性。负反馈具有稳定闭环增益的作用，即引入负反馈后，由各种原因，包括信号频率的变化引起的增益的变化都将减小。引入负反馈后，中频闭环增益下降为 $A_V/(1 + A_V F)$，上限频率扩展为 $(1 + A_V F) f_H$，其上限频率提高 $(1 + A_V F)$ 倍，下限频率降低 $1/(1 + A_V F)$ 倍，其通带频展宽。

五、实验内容

1. 负反馈放大器的开环和闭环放大倍数的测试

1) 开环电路

① 按图 3.16 接线，R_F 先不接入。

② 输入端接入 $U_i = 1\text{mV}$，$f = 1\text{kHz}$ 的正弦波信号(注意，采用输入端衰减法输入 1mV 信号)，调整接线和参数使输出不失真且无振荡(参考实验 3.2 方法)。

③ 按表 3-24 的要求进行测量并填表。

④ 根据实测值计算开环放大倍数和输出电阻 R_o。

表 3-24 实验数据

	$R_L(\text{k}\Omega)$	$U_i(\text{mV})$	$U_O(\text{mV})$	$A_V(A_{vf})$
开环	∞	1		
	15	1		
闭环	∞	1		
	15	1		

2) 闭环电路

① 接通 R_F 并按要求调整电路。

② 按表 3-24 的要求进行测量并填表,计算 A_{vf}。

③ 根据实测结果,验证 $A_{vf} \approx 1/F$。

2. 负反馈对失真的改善作用

(1) 将图 3.16 所示电路开环,逐步加大 U_i 的幅度,使输出信号出现失真(注意不要过分失真),记录失真波形幅度。

(2) 将电路闭环,观察输出情况,并适当增加 U_i 幅度,使输出幅度接近开环时的失真波形幅度。

(3) 若 $R_F = 3k\Omega$ 不变,但 R_F 接入 T_1 的基极,会出现什么情况?实验验证之。

(4) 画出上述各实验步骤的波形图。

3. 测放大器频率特性

(1) 将图 3.16 电路先开环,适当选择 U_i 的幅度(频率为 1kHz)使输出信号在示波器上有满幅正弦波显示。

(2) 保持输入信号幅度不变逐步增加频率,直到波形减小为原来波形幅度的 70%,此时信号频率即为放大器 f_H。

(3) 条件同上,逐渐减小频率,测得 f_L。

(4) 将电路闭环,重复步骤 1~3,并将结果填入表 3-25 中。

表 3-25　实验数据

	f_H(Hz)	f_L(Hz)
开环		
闭环		

六、实验报告

(1) 将实验值与理论值进行比较,分析产生误差的原因。

(2) 根据实验内容总结负反馈对放大电路的影响。

3.8　集成运算放大器指标测试

一、实验目的

(1) 掌握运算放大器主要指标的测试方法。

(2) 通过测试运算放大器 μA741 的指标,了解集成运算放大器组件的主要参数定义和表示方法。

二、实验仪器

1．±12V 直流电源　　　4．交流毫伏表
2．函数信号发生器　　　5．直流电压表
3．双踪示波器(另配)　　6．运算放大器 μA741×1　　7．电阻器、电容器若干

三、预习要求

(1) 查阅 μA741 的典型指标数据及管脚功能。

(2) 测量输入失调参数时，为什么要精选运放反相及同相输入端的电阻，以保证严格对称？

(3) 测量输入失调参数时，为什么要将运放调零端开路，而在进行其他测试时，则要求对输出电压进行调零？

(4) 测试信号的频率选取原则是什么？

四、实验原理

集成运算放大器是一种线性集成电路，和其他半导体器件一样，它也是用一些性能指标来衡量其质量优劣的。为了正确使用集成运放，就必须了解它的主要参数指标。集成运放组件的各项指标通常是用专用仪器进行测试的，这里介绍的是一种简易测试方法。

本实验采用的集成运放型号为 μA741(或 F007)，其引脚排列如图 3.17 所示。它是八脚双列直插式组件，2 脚和 3 脚分别为反相和同相输入端，6 脚为输出端，7 脚和 4 脚为正、负电源端，1 脚和 5 脚为失调调零端，1、5 脚之间可接入一只几十千欧姆的电位器并将滑动触头接到负电源端，8 脚为空脚。

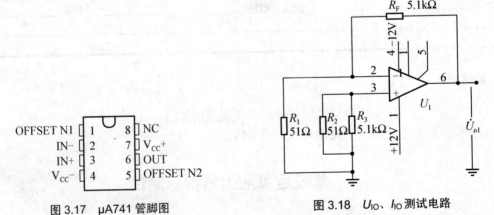

OFFSET N1	1	8	NC
IN-	2	7	V_{CC}+
IN+	3	6	OUT
V_{CC}-	4	5	OFFSET N2

图 3.17　μA741 管脚图　　　　　图 3.18　U_{IO}、I_{IO} 测试电路

1．输入失调电压 U_{IO}

当输入信号为零时，理想运放组件的输出也为零。但是即使是最优质的集成组件，由于运放内部差动输入级参数的不完全对称，输出电压也往往不为零。这种零输入时输出不为零的现象称为集成运放的失调。μA741 的 U_{IO} 典型值为 1mV，最大值为 5mV。

输入失调电压 U_{IO} 是指输入信号为零时，输出端的电压折算到同相输入端的数值。失调电压测试电路如图 3.18 所示。

$$U_{IO} = \frac{R_1}{R_1 + R_F} U_{O1} \tag{3-45}$$

实际测出的 U_{IO} 可能为正，也可能为负，高质量的运放的 U_{IO} 一般在 1mV 以下。

测试中应注意：①将运放调零端开路。

②要求电阻 R_1 和 R_2、R_3 和 R_F 的参数严格对称。

2. 输入失调电流 I_{IO}

输入失调电流 I_{IO} 是指当输入信号为零时，运放的两个输入端的基极偏置电流之差。

$$I_{IO} = | I_{B1} - I_{B2} | \tag{3-46}$$

输入失调电流的大小反映了运放内部差动输入级两个晶体管 β 的失配度，由于 I_{B1}、I_{B2} 本身的数值已很小(微安级)，因此它们的差值通常不是直接测量的。其测试电路如图 3.19 所示，测试分两步进行。

(1) 按图 3.18 连线，测出输出电压 U_{O1}，这是由输入失调电压 U_{IO} 所引起的输出电压。

(2) 按图 3.19 连线，测出接入电阻 R_{B1}、R_{B2} 时的输出电压 U_{o2}。若从中扣除输入失调电压 U_{IO} 的影响，则输入失调电流 I_{IO} 为

$$I_{IO} = | I_{B1} - I_{B2} | = | U_{o2} - U_{o1} | \frac{R_1}{R_1 + R_F} \frac{1}{R_B} \tag{3-47}$$

一般来说，I_{IO} 在 100nA 以下。

测试中应注意：①将运放调零端开路。

②两输入端电阻 R_B 必须精确配对。

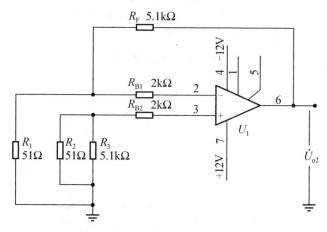

图 3.19　输入失调电流 I_{IO} 的测量电路

3. 输入偏置电流 I_{IB}

输入偏置电流 I_{IB} 是指在无信号输入时，运放两输入端静态基极电流的平均值。

$$I_{IB} = (I_{B1} + I_{B2})/2 \tag{3-48}$$

I_{IB} 一般是微安数量级，若 I_{IB} 过大，不仅在不同信号内阻的情况下对静态工作点有较大的影响，而且也会影响温漂和运算精度，所以输入偏置电流越小越好。测量输入偏置电流的电路如图 3.20 所示。

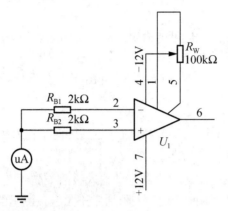

图 3.20 输入偏置电流 I_{IB} 测试电路

测试中应注意：测试前电路应首先调零，即调节 R_W 使在输入接地情况下失调电压为零，以后除说明开路外都要调零。

4. 开环差模放大倍数 A_{vd}

集成运放在没有外部反馈时的直流差模放大倍数称为开环差模电压放大倍数，用 A_{vd} 表示。它定义为开环输出电压 U_o 与两个差分输入端之间所加信号电压 U_{id} 之比。

$$A_{vd} = \frac{U_o}{U_{id}} \tag{3-49}$$

按定义，A_{vd} 应是信号频率为零时的直流放大倍数，但为了测试方便，通常采用低频(几十赫兹以下)正弦交流信号进行测试。由于集成运放的开环电压放大倍数很高，难以直接进行测量，故一般采用闭环测量方法。A_{vd} 的测试方法很多，现采用交、直流同时闭环的测试方法，如图 3.21 所示。

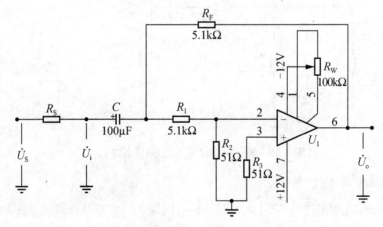

图 3.21 A_{vd} 测试电路

被测运放一方面通过 R_F、R_1、R_2 完成直流闭环，以抑制输出电压漂移，另一方面通过 R_F 和 R_S 实现交流闭环。外加信号 U_S 经 R_1、R_2 分压，使 U_{id} 足够小，以保证运放工作在线性区，同相输入端电阻 R_3 应与反相输入端电阻 R_2 相匹配，以减小输入偏置电流的影响，电容 C 为隔直电容。被测运放的开环电压放大倍数为

$$A_{vd} = \frac{U_o}{U_{id}} = (1 + \frac{R_1}{R_2}) \frac{U_o}{U_{id}} \tag{3-50}$$

测试中应注意：①测试前电路应首先消振并调零。

②被测运放要工作在线性区。

③输入信号频率应较低，一般用 50～100Hz 输入信号，无明显失真。

5. 共模抑制比 CMRR

集成运放的差模电压放大倍数 A_d 与共模电压放大倍数 A_c 之比称为共模抑制比。

$$CMRR = | \frac{A_d}{A_c} | \tag{3-51}$$

或

$$CMRR = 20\lg | \frac{A_d}{A_c} | \text{(dB)} \tag{3-52}$$

在实际应用中，共模抑制比是一个很重要的参数，理想运放输入共模信号时其输出为零。但在实际的集成运放中，其输出不可能没有共模信号的成分，输出端共模信号愈小，说明电路对称性愈好，也就是说，运放对共模干扰信号的抑制能力愈强，即 CMRR 愈大。CMRR 的测试电路如图 3.22 所示。

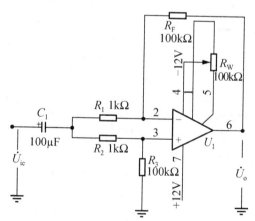

图 3.22　CMRR 测试电路

集成运放工作在闭环状态下的差模电压放大倍数为

$$A_d = -\frac{R_F}{R_1} \tag{3-53}$$

当接入共模输入信号 U_{ic} 时，测得 U_{oc} 后，则共模电压放大倍数为

$$A_C = \frac{U_{oc}}{U_{ic}} \tag{3-54}$$

得共模抑制比

$$CMRR = \left| \frac{A_d}{A_c} \right| = \frac{R_F U_{ic}}{R_1 U_{oc}}$$ (3-55)

测试中应注意：①测试前电路应首先消振并调零。

②R_1 与 R_2、R_3 与 R_F 之间的阻值严格对称。

③输入信号 U_{ic} 的幅度必须小于集成运放的最大共模输入电压。

6. 共模输入电压范围 U_{icm}

集成运放所能承受的最大共模电压称为共模输入电压范围，超出这个范围，运放的 CMRR 会大大下降，输出波形产生失真，有些运放还会出现"自锁"现象以及永久性的损坏。U_{icm} 的测试电路如图 3.23 所示。

被测运放接成电压跟随器形式，输出端接示波器，观察最大不失真输出波形，从而确定 U_{icm} 的值。

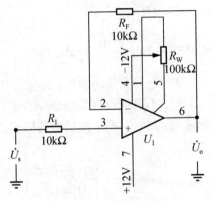

图 3.23 U_{icm} 测试电路

7. 输出电压最大动态范围 U_{OPP}

集成运放的动态范围与电源电压、外接负载及信号源频率有关，测试电路如图 3.24 所示。

逐渐增大 U_O 幅度，观察 U_O 即将失真还没有失真的时刻，从而确定运放在某一电源电压下可能输出的电压峰峰值 U_{OPP}。

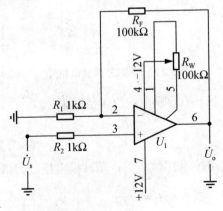

图 3.24 U_{OPP} 测试电路

集成运放在使用时应考虑如下问题。

(1) 输入信号选用交、直流量均可，但在选取信号的频率和幅度时，应考虑运放的频响特性和输出幅度的限制。

(2) 调零。为提高运算精度，在运算前应首先对直流输出电压进行调零，即保证输入为零时，输出也为零。当运放有外接调零端子时，可按组件要求接入调零电位器 R_W，调零时，将输入端接地，用直流电压表测量输出电压 U_o，细心调节 R_W，使 U_o 为零(即失调电压为零)。如运放没有调零端子，若要调零，可按图 3.25 所示电路进行调零。

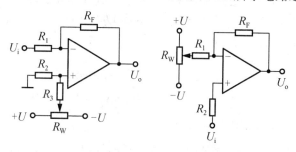

图 3.25　调零电路

一个运放如不能调零，大致有如下原因。

① 组件正常，接线有错误。

② 组件正常，但负反馈不够强(R_F/R_1 太大)，为此可将 R_F 短路，观察是否能调零。

③ 组件正常，但由于它所允许的共模输入电压太低，可能出现"自锁"现象，因而不能调零。为此可将电源断开后，再重新接通，如能恢复正常，则属于这种情况。

④ 组件正常，但电路有"自激"现象，应进行消振。

⑤ 组件内部损坏，应更换好的集成块。

(3) 消振。一个集成运放自激时，表现为即使输入信号为零，亦会有输出，使各种运算功能无法实现，严重时还会损坏器件。在实验中，可用示波器监视输出波形。为消除运放的自激，常采用如下措施。

① 若运放有相位补偿端子，可利用外接 R_C 补偿电路，产品手册中提供了补偿电路及元件参数。

② 电路布线、元器件布局应尽量减少分布电容。

③ 在正、负电源进线与地之间接上几十微法的电解电容和 $0.01 \sim 0.1\mu F$ 的陶瓷电容相并联以减小电源引线的影响。

五、实验内容

1. 测量输入失调电压 U_{IO}

按图 3.18 连接实验电路，用直流电压表测量输出电压 U_{O1}，并计算 U_{IO}，记入表 3-26 中。

2. 测量输入失调电流 I_{IO}

实验电路如图 3.19 所示，用直流电压表测量 U_{O2}，并计算 I_{IO}，记入表 3-26 中。

表 3-26　实验数据

U_{IO}(mV)		I_{IO}(nA)		A_{vd}(dB)		CMRR(dB)	
实测值	典型值	实测值	典型值	实测值	典型值	实测值	典型值

3. 测量开环差模电压放大倍数 A_{vd}

按图 3.21 连接实验电路，运放输入端加频率为 100Hz、大小约 30～50mV 的正弦信号，用示波器监视输出波形。用交流毫伏表测量 U_O 和 U_i，并计算 A_{vd}，记入表 3-26 中。

4. 测量共模抑制比 CMRR

按图 3.22 连接实验电路，运放输入端加频率为 100Hz、U_{ic}=1～2V 的正弦信号，用示波器监视输出波形。测量 U_{OC} 和 U_{ic}，并计算 A_C 及 CMRR，记入表 3-26 中。

5. 测量共模输入电压范围 U_{icm}

先调零，然后按图 3.23 连接实验电路，运放输入端加频率为 1kHz，U_S=3～5V 的正弦信号，输出端接示波器，改变 U_S 峰峰值，观察最大不失真输出波形时的 U_S 值，从而确定 U_{icm} 的值。

6. 测量输出电压最大动态范围 U_{OPP}

先调零，然后按图 3.24 连接实验电路，运放输入端加频率为 1kHz，U_S=3～5V 的正弦信号，输出端接示波器，改变 U_S 峰峰值，观察最大不失真输出波形时的 U_o 值，从而确定 U_{OPP} 的值。

六、实验报告

(1) 将所测得的数据与典型值进行比较。
(2) 对实验结果及实验中碰到的问题进行分析、讨论。

3.9　集成运算放大器的基本应用(Ⅰ)
——模拟运算电路

一、实验目的

(1) 研究由集成运算放大器组成的比例、加法和减法等基本运算电路的特点和功能。
(2) 学会上述电路的测试和分析方法。
(3) 了解运算放大器在实际应用时应考虑的一些问题。

二、实验仪器

1. ±12V 直流电源
2. 函数信号发生器

3. 交流毫伏表　　　　　　　　4. 直流电压表

5. 双踪示波器(另配)　　　　　6. 集成运算放大器 μA741(或 TL082)

7. 电阻器及插线若干

三、预习要求

(1) 复习集成运放线性应用部分内容，并根据实验电路参数计算各电路输出电压的值。

(2) 在反相加法器中，如 U_{i1} 和 U_{i2} 均采用直流信号，并选定 $U_{i2}=-1V$，当考虑到运算放大器的最大输出幅度(±12V)时，$|U_{i1}|$ 的大小不应超过多少伏？

(3) 为了不损坏集成块，实验中应注意什么问题？

四、实验原理

集成运算放大器是一种具有高电压放大倍数的直接耦合多级放大电路，当外部接入不同的线性或非线性元器件组成负反馈电路时，可以灵活地实现各种特定的函数关系。在线性应用方面，它可组成比例、加法、减法、积分、微分、对数等模拟运算电路。

1. 反相比例运算电路

电路如图 3.26 所示，对于理想运放，该电路的输出电压与输入电压之间的关系为

$$U_{\mathrm{O}} = -\frac{R_{\mathrm{F}}}{R_1}U_{\mathrm{i}} \tag{3-56}$$

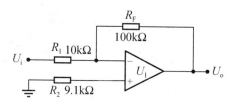

图 3.26　反相比例运算电路

为减小输入级偏置电流引起的运算误差，在同相输入端应接入平衡电阻 $R_2=R_1 /\!/ R_{\mathrm{F}}$。

2. 反相加法运算电路

电路如图 3.27 所示，输出电压与输入电压之间的关系为

$$U_{\mathrm{o}} = -\left(\frac{R_{\mathrm{F}}}{R_1}U_{i1} + \frac{R_{\mathrm{F}}}{R_2}U_{i2}\right) \qquad\qquad R_3 = R_1 /\!/ R_2 /\!/ R_F \tag{3-57}$$

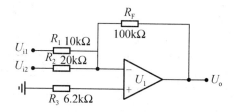

图 3.27　反相加法运算电路

3. 同相比例运算电路

图 3.28(a)是同相比例运算电路，它的输出电压与输入电压之间的关系为

$$U_0 = (1 + \frac{R_F}{R_1})U_i \qquad\qquad R_2 = R_1 /\!/ R_F \qquad\qquad (3-58)$$

当 $R_1 \rightarrow \infty$ 或 $R_F=0$ 时，$U_O=U_i$，即得到如图 3.28(b)所示的电压跟随器。图中 $R_2=R_F$，用以减小漂移和起保护作用。R_F 一般取 10kΩ，若 R_F 太小则起不到保护作用，太大则影响跟随性。

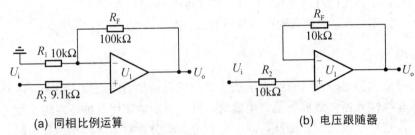

(a) 同相比例运算　　　　　　　　　　(b) 电压跟随器

图 3.28　同相比例运算电路

4. 差动放大电路(减法器)

对于图 3.29 所示的减法运算电路，当 $R_1=R_2$，$R_3=R_F$ 时，有如下关系式：

$$U_O = \frac{R_F}{R_1}(U_{i2} - U_{i1}) \qquad\qquad (3-59)$$

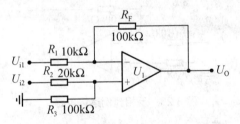

图 3.29　差动放大电路

五、实验内容

1. 反相比例运算电路

(1) 按图 3.26 连接实验电路，接通±12V 电源，输入端对地短路，进行调零和消振。

(2) 输入不同的直流信号 U_i，测量相应的 U_o，记入表 3-27 中。

表 3-27　实验数据

直流输入电压 U_i(mV)		30	100	300	1000	3000
输出电压 U_o	理论估算值(mV)					
	实测值(mV)					
	误差					

2. 同相比例运算电路

(1) 按图 3.28(a)连接实验电路。实验步骤同上，将结果记入表 3-28 中。

(2) 将图 3.28(a)中的 R_1 断开，得图 3.28(b)电路，分别测量 $R_L=\infty$ 和 $R_L=5.1\text{k}\Omega$ 时的输出电压，将结果记入表 3-29 中。

表 3-28 实验数据

直流输入电压 U_i(mV)		30	100	300	1000	3000
输出电压 U_o	理论估算值(mV)					
	实测值(mV)					
	误差					

表 3-29 实验数据

U_o(V)	U_i(V)	−2	−0.5	0	+0.5	1
	$R_L=\infty$					
	$R_L=5.1\text{k}\Omega$					

3. 反相加法运算电路

(1) 按图 3.27 连接实验电路，进行调零和消振。

(2) 输入信号采用直流信号，实验时要注意选择合适的直流信号幅度以确保集成运放工作在线性区。用直流电压表测量输入电压 U_{i1}、U_{i2} 及输出电压 U_O，记入表 3-30 中。

表 3-30 实验数据

U_{i1}(V)					
U_{i2}(V)					
U_o(V)					

4. 减法运算电路

(1) 按图 3.29 连接实验电路。采用直流输入信号，实验步骤同实验内容 3，将结果记入表 3-31 中。

表 3-31 实验数据

U_{i1}(V)					
U_{i2}(V)					
U_o(V)					

六、实验报告

(1) 整理实验数据，画出波形图(注意波形间的相位关系)。

(2) 将理论计算结果和实测数据相比较，分析产生误差的原因。

(3) 分析讨论实验中出现的现象和问题。

附图:

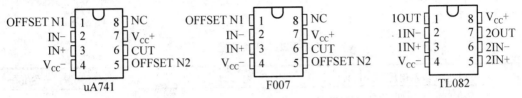

OFFSET N1	1	8	NC
IN−	2	7	V_{cc}^+
IN+	3	6	CUT
V_{cc}^-	4	5	OFFSET N2

uA741

F007

1OUT	1	8	V_{cc}^+
1IN−	2	7	2OUT
1IN+	3	6	2IN−
V_{cc}^-	4	5	2IN+

TL082

3.10　集成运算放大器的基本应用(Ⅱ)
——积分与微分电路

一、实验目的

(1) 学习用运算放大器组成积分、微分电路的方法，加深运算放大器用于波形变换作用的概念。

(2) 进一步熟悉幅值测量及分析误差的方法。

二、实验仪器

1. ±12V 直流电源　　　　　　2. 函数信号发生器

3. 交流毫伏表　　　　　　　　4. 直流电压表

5. 双踪示波器(另配)　　　　　6. 集成运算放大器 μA741(或 TL082)

7. 电阻器及电容器

三、预习要求

(1) 理解积分与微分电路的工作原理。

(2) 计算有关理论值，绘制理想状态下的输出波形。

四、实验原理

1. 积分运算电路

反相积分电路如图 3.30 所示。在理想化条件下，输出电压 U_o 为

$$U_o(t) = -\frac{1}{RC}\int_0^t U_i \mathrm{d}t + U_c(0) \tag{3-60}$$

式中，$U_c(0)$ 是 $t=0$ 时刻电容 C 两端的电压值，即初始值。

如果 $U_i(t)$ 是幅值为 E 的阶跃电压，并设 $U_c(0)=0V$，则

$$U_o(t) = -\frac{1}{RC}\int_0^t E\mathrm{d}t = -\frac{E}{RC}t \tag{3-61}$$

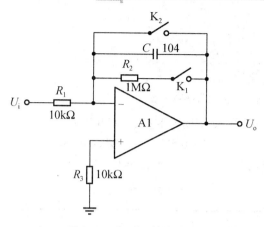

图 3.30　积分运算电路

输出电压 $U_O(t)$ 随时间的增长而线性下降。显然，R 和 C 的数值越大，达到给定的 U_o 值所需的时间就长。改变 R 或 C 的值，积分波形也不同。积分输出电压所能达到的最大值受集成运放最大输出范围的限制。

在进行积分运算之前，首先应对运放调零。为了便于调节，将图 3.30 中的 K_1 闭合，通过电阻 R_2 的负反馈作用帮助实现调零。但在完成调零后，应将 K_1 打开，以免因 R_2 的接入造成积分误差。K_2 的作用：一方面为积分电容放电提供通路，同时可实现积分电容初始电压 $U_c(0)=0V$；另一方面，可控制积分起始点，即在加入信号 U_i 后，只要 K_2 一打开，电容就将被恒流充电，电路也就开始进行积分运算。

2. 微分运算电路

微分运算电路(图 3.31)的输出电压正比于输入电压对时间的微分，一般表达式为：

$$U_o = -RC\frac{du_i}{dt} \tag{3-62}$$

利用微分运算电路可实现对波形的变换，可将矩形波变换为尖脉冲、正弦波移相、三角波变换为方波。

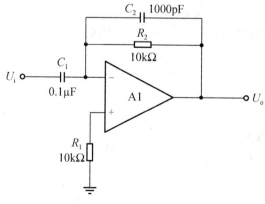

图 3.31　微分运算电路

五、实验内容

1．积分运算电路

实验电路如图 3.30 所示。

(1) 打开 K_2，闭合 K_1，对运放输出进行调零。

(2) 调零完成后，再打开 K_1，闭合 K_2，使 $U_c(0)=0V$。

(3) 预先调好直流输入电压 $U_i=0.5V$，接入实验电路，再打开 K_2，然后用直流电压表测量输出电压 U_o，每 5s 读一次 U_o，记入表 3-32 中，直到 U_o 不继续明显增大为止。

表 3-32　实验数据

t(s)	0	5	10	15	20	30	⋯
U_o(V)							

2．微分运算电路

(1) 按图 3.31 连接电路，在函数发生器上调节输入方波信号 U_i，用示波器监视之，要求方波信号的周期为 1～5ms。

(2) 把 U_i 信号加到微分电路的输入端，用示波器分别观察 U_i 和 U_o 的波形，画出波形图，并记录数据。

六、实验报告

(1) 整理实验数据，画出波形图(注意波形间的相位关系)。

(2) 将理论计算结果和实测数据相比较，分析产生误差的原因。

(3) 分析讨论实验中出现的现象和问题。

3.11　OTL 低频功率放大器

一、实验目的

(1) 进一步理解 OTL 功率放大器的工作原理。

(2) 学会 OTL 电路的调试及主要性能指标的测试方法。

二、实验仪器

1．+5V 直流电源　　　　　　　　　2．函数信号发生器

3．交流毫伏表　　　　　　　　　　4．直流电压表

5．双踪示波器(另配)　　　　　　　6．频率计

7．晶体管 3DG6、3DG12、3CG12，晶体二极管 1N4007　　8．分立功放电路模块

三、预习要求

(1) 复习有关 OTL、OCL 工作原理的内容。

(2) 为什么引入自举电路能够扩大输出电压的动态范围?

(3) 交越失真产生的原因是什么?怎样克服交越失真?

(4) 图 3.32 中的电位器 R_{W2} 如果开路或短路,对电路工作有何影响?

(5) 为了不损坏输出管,调试中应注意什么问题?

(6) 若电路发生"自激"现象,应如何消除?

四、实验原理

图 3.32 所示为 OTL 低频功率放大器电路图。

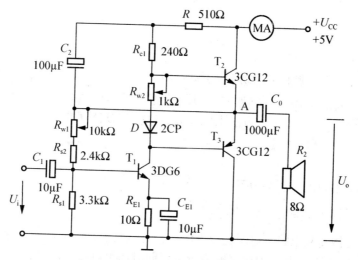

图 3.32　OTL 功率放大器实验电路

由晶体三极管 T_1 组成推动级(也称前置放大级),T_2、T_3 是一对参数对称的 NPN 和 PNP 型晶体三极管,它们组成互补推挽 OTL 功放电路。由于每一个管子都接成射极输出器的形式,因此具有输出电阻低、带负载能力强等优点。T_1 管工作于甲类状态,它的集电极电流 I_{C1} 由电位器 R_{W1} 进行调节。I_{C1} 的一部分流经电位器 R_{W2} 及二极管 D,给 T_2、T_3 提供偏压。调节 R_{W2},可以使 T_2、T_3 得到合适的静态电流而工作于甲乙类状态,以克服交越失真。静态时要求输出端中点 A 的电位 $U_A=U_{cc}/2$,可以通过调节 R_{W1} 来实现。又由于 R_{W1} 的一端接在 A 点,因此在电路中引入交、直流电压并联负反馈,一方面能够稳定放大器的静态工作点,同时也改善了非线性失真。

当输入正弦交流信号 U_i 时,经 T_1 放大、倒相后同时作用于 T_2、T_3 的基极,U_i 的负半周使 T_2 管导通(T_3 管截止),有电流通过负载 R_L,同时向电容 C_0 充电;在 U_i 的正半周,T_3 导通(T_2 截止),则已充好电的电容器 C_0 起着电源的作用,通过负载 R_L 放电,这样在 R_L 上就得到完整的正弦波。C_2 和 R 构成自举电路,用于提高输出电压正半周的幅度,以得到大的动态范围。

OTL 电路的主要性能指标。

1. 最大不失真输出功率 P_{om}

理想情况下，

$$P_{om} = \frac{1}{8} \frac{U_{cc}^2}{R_L} \tag{3-63}$$

实验中可通过测量 R_L 两端的电压有效值，来求得实际的 P_{om}。

$$P_{om} = \frac{U_o^2}{R_L} \tag{3-64}$$

2. 效率 η

$$\eta = \frac{P_{om}}{P_E} \times 100\% \tag{3-65}$$

其中，P_E 为直流电源的平均功率。

理想情况下，$\eta_{max}=78.5\%$。在实验中，可测量电源供给的平均电流 I_{dc}，从而求得 $P_E=U_{cc}\times I_{dc}$，负载上的交流功率已用上述方法求出，因而也就可以计算实际效率了。

五、实验内容

在整个测试过程中，电路不应有"自激"现象。

1. 静态工作点的测试

按图 3.32 连接实验电路，电源进线中串入直流毫安表，电位器 R_{W2} 置最小值，R_{W1} 置中间位置。接通+5V 电源，观察毫安表指示，同时用手触摸输出级管子，若电流过大，则管子升温显著，应立即断开电源检查原因(如 R_{W2} 开路、电路自激或输出管性能不好等)。若无异常现象，可开始调试。

1)调节输出端中点电位 U_A

调节电位器 R_{W1}，用直流电压表测量 A 点电位，使 $U_A=U_{CC}/2$。

2)调整输出级静态电流并测试各级静态工作点

调节 R_{W2}，使 T_2、T_3 管的 I_{C2}、I_{C3} 在 5～10mA 范围内。从减小交越失真角度而言，应适当加大输出级静态电流，但该电流过大会使效率降低，所以一般以 5～10mA 为宜。由于毫安表是串在电源进线中的，因此测得的是整个放大器的电流。但一般 T_1 的集电极电流 I_{C1} 较小，从而可以把测得的总电流近似当成末级的静态电流。如要准确得到末级静态电流，则可以从总电流中减去 I_{C1} 之值，I_{C1} 的大小可由 R_{E1} 两端压降估算出来。

调整输出级静态电流的另一方法是动态调试法。先使 $R_{W2}=0$，在输入端接入 $f=1kHz$ 的正弦信号 U_i，逐渐加大输入信号的幅度，此时，输出波形应出现较严重的交越失真(注意：没有饱和失真和截止失真)。然后缓慢调节(增大)R_{W2}，当交越失真刚好消失时，停止调节 R_{W2}，恢复 $U_i=0V$，此时直流毫安表的读数即为输出级静态电流。其数值一般应在 5～10mA 范围内，如过大，则要检查电路。

调好输出级电流以后，测量各级静态工作点，记入表 3-33 中。

表 3-33 实验数据 $I_{C2}=I_{C3}=$ mA $U_A=2.5V$			
	T_1	T_2	T_3
$U_B(V)$			
$U_C(V)$			
$U_E(V)$			

注意：①在调整 R_{W2} 时，一是要注意旋转方向，不要调得过大，更不能开路，以免损坏输出管。

②调好输出管静态电流后，如无特殊情况，不得随意旋动 R_{W2} 旋钮的位置。

2. 最大输出功率 P_{om} 和效率 η 的测试

1) 测量 P_{om}

输入端接 $f=1kHz$ 的正弦信号 U_i，在输出端用示波器观察输出电压 U_o 的波形。逐渐增大 U_i，使输出电压达到最大不失真输出，用交流毫伏表测出负载 R_L 上的电压 U_{om}，

则
$$P_{om}=\frac{U_{om}^2}{R_L} \tag{3-66}$$

2) 测量 η

当输出电压为最大不失真输出时，读出直流毫安表中的电流值，此电流即为直流电源供给的平均电流 I_{dc}(有一定误差)，由此可近似求得 $P_E=U_{cc}I_{dc}$，再根据上面测得的 P_{om}，即可求出 η。

$$\eta=\frac{P_{om}}{P_E}\times100\% \tag{3-67}$$

3. 研究自举电路的作用

(1) 测量有自举电路，且 $P_o=P_{omax}$ 时的电压增益 $A_v=\dfrac{U_{om}}{U_i}$。

(2) 将 C_2 开路，R 短路(无自举)，再测量 $P_o=P_{omax}$ 的 A_v。

用示波器观察(1)、(2)两种情况下的电压波形，并将以上两项测量结果进行比较，分析研究自举电路的作用。

4. 噪声电压的测试

测量时将输入端短路($U_i=0V$)，观察输出噪声波形，并用交流毫伏表测量输出电压，即为噪声电压 U_N，电压 U_N 若小于 15mV，即满足要求。

5. 试听

输入信号改为录音机输出，输出端接试听音箱及示波器。开机试听，并观察语音信号的输出波形。

六、实验报告

(1) 整理实验数据，计算静态工作点、最大不失真输出功率 P_{om}、效率 η 等，并与理论

值进行比较。

(2) 分析自举电路的作用。

(3) 讨论实验中发生的问题及解决办法。

(4) 结合 OTL 功率放大器实验的内容，自拟 OCL 实验步骤。

3.12　集成功率放大器

一、实验目的

(1) 熟悉功率放大集成块的应用

(2) 学习集成放大器基本技术指标的测试

二、实验仪器

1．+9V 直流电源	2．函数信号发生器
3．双踪示波器(另配)	4．交流毫伏表
5．直流电压表	6．直流毫安表
7．频率计	8．集成功放块 LA4112×1　　9．电阻器、电容器若干

三、预习要求

(1) 复习有关集成功率放大器部分的内容。

(2) 若将电容 C_7 除去，将会出现什么现象？

(3) 若在无输入信号时，从接在输出端的示波器上观察到频率较高的波形，这是否正常？该如何消除？

(4) 进行本实验时，应注意以下几点。

① 电源电压不允许超过极限值，不允许极性接反，否则集成块将遭损坏。

② 电路工作时绝对避免负载短路，否则将烧毁集成块。

③ 接通电源后，时刻注意集成块的温度，若在未加输入信号时集成块就出现发热量过多，同时直流毫安表指示出较大的电流及示波器显示出幅度较大、频率较高的波形，说明电路有"自激"现象，应立即关机，然后进行故障检查、分析和处理。待自激振荡消除后，才能重新进行实验。

④ 输入信号的幅度不要过大。

四、实验原理

集成功率放大器由集成功放块和一些外接阻容元件构成。它具有线路简单、性能优越、工作可靠、调试方便等优点，已经在音频领域中成为应用十分广泛的功率放大器。

电路中最主要的组件为集成功放块，它通常包括前置级、推动级和功率级等几部分，有些还具有一些特殊功能(消除噪声、短路保护等)的电路，其电压增益较高(不加负反馈时，电压增益达 70～80dB，加典型负反馈时电压增益在 40dB 以上)。

集成功放块的种类很多。本实验采用的集成功放块型号为 LA4112，它的内部电路如图 3.33 所示，它由三级电压放大、一级功率放大以及偏置、恒流、反馈、退耦电路组成。

1) 电压放大级

第一级选用由 T_1 和 T_2 管组成的差动放大器，这种直接耦合的放大器零漂较小；第二级的 T_3 管完成直接耦合电路中的电平移动，T_4 是 T_3 管的恒流源负载，以获得较大的增益；第三级由 T_6 管等组成，此级增益最高，为防止出现自激振荡，需在该管的 b、c 极之间外接消振电容。

2) 功率放大级

由 $T_8 \sim T_{13}$ 等组成复合互补推挽电路。为提高输出级增益和正向输出幅度，需外接"自举"电容。

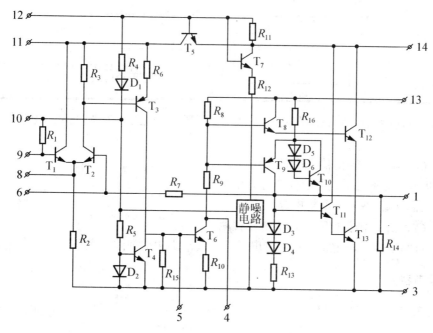

图 3.33　LA4112 内部电路图

3) 偏置电路

偏置电路为建立各级合适的静态工作点而设立。

除上述主要部分外，为了使电路工作正常，还需要和外部元件一起构成反馈电路来稳定和控制增益。同时，还设有退耦电路来消除各级间的不良影响。

LA4112 集成功放块是一种塑料封装十四脚的双列直插器件。它的外形如图 3.34 所示。表 3-34、表 3-35 是它的极限参数和电参数。

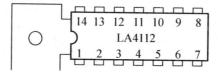

图 3.34　LA4112 外形及管脚排列图

与 LA4112 集成功放块技术指标相同的国内产品还有 FD403、FY4112、D4112 等，可以互相替代使用。

表 3-34　LA4112 的极限参数

参　　数	符号与单位	测试条件	典　型　值
工作电压	$U_{cc}(V)$		9
静态电流	$I_{ccq}(mA)$	$U_{cc}=9V$	15
开环电压增益	$A_{vo}(dB)$		70
输出功率	$P_o(W)$	$R_L=4\Omega\ f=1kHz$	1.7
输入阻抗	$R_i(k\Omega)$		20

表 3-35　LA4112 的电参数

参　　数	符号与单位	额　定　值
最大电源电压	$U_{ccmax}(V)$	13(有信号时)
允许功耗	$P_o(W)$	1.2
		2.25(50mm×50mm 铜箔散热片)
工作温度	$T_{opr}(℃)$	−20～+70

集成功率放大器 LA4112 的应用如图 3.35 所示，该电路中各电容和电阻的作用简要说明如下。

C_1、C_9：输入、输出耦合电容，并有隔直作用。

C_2 和 R_f：反馈元件，决定电路的闭环增益。

C_3、C_4、C_8：滤波、退耦电容。

C_5、C_6、C_{10}：消振电容，消除寄生振荡。

C_7：自举电容，若无此电容，将出现输出波形半边被削波的现象。

五、实验内容

按图 3.35 连接实验电路。

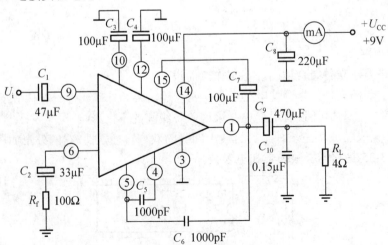

图 3.35　由 LA4112 构成的集成功放实验电路

1．静态测试

将输入信号旋至零，接通+9V 直流电源，测量静态总电流以及集成块各引脚对地电压，记入自拟表格中。

2．动态测试

最大输出功率。

(1) 接入自举电容 C_7。输入端接频率为 1kHz 的正弦信号，在输出端用示波器观察输出电压波形，逐渐加大输入信号的幅度，使输出电压为最大不失真输出，用交流毫伏表测量此时的输出电压 U_{om}，则最大输出功率：

$$P_{om} = \frac{U_{om}^2}{R_L} \tag{3-68}$$

(2) 断开自举电容 C_7，观察输出电压波形变化情况。

3．噪声电压

要求 $U_N < 2.5mV$，测试方法同实验 3.4。

4．试听

六、实验报告

(1) 整理实验数据，并进行分析。
(2) 讨论实验中出现的问题及解决办法。

3.13 有源滤波器

一、实验目的

(1) 熟悉用运放、电阻和电容组成有源低通滤波器和带通、带阻滤波器及其特性。
(2) 学会测量有源滤波器的幅频特性。

二、实验仪器

1．±12V 直流电源
2．函数信号发生器
3．双踪示波器(另配)

4．交流毫伏表
5．频率计
6．μA741(或 TL082)×1
7．电阻器、电容器若干

三、预习要求

(1) 复习教材中有关滤波器的内容。
(2) 分析图 3.37、图 3.38、图 3.39、图 3.41 所示电路，写出它们的增益特性表达式。
(3) 计算图 3.37、图 3.38 的截止频率以及图 3.39、图 3.41 的中心频率。
(4) 画出上述 4 种电路的幅频特性曲线。

四、实验原理

本实验是用集成运算放大器和 RC 网络来组成不同性能的有源滤波电路的。

1. 低通滤波器

低通滤波器是指低频信号能通过而高频信号不能通过的滤波器，用一阶 RC 网络组成的称为一阶 RC 有源低通滤波器，如图 3.36 所示。为了改善滤波效果，在图 3.36(a)的基础上再加一对 RC 网络且将第一级电容 C 的接地端改接到输出端，如图 3.37 所示，即为一个典型的二阶有源低通滤波器。这种有源滤波器的幅频特性为

$$\dot{A} = \frac{\dot{U}_o}{\dot{U}_i} = \frac{A_V}{1+(3-A_V)SCR+(SCR)^2} = \frac{A_V}{1-(\frac{\omega}{\omega_o})^2+j\frac{1}{Q}\frac{\omega}{\omega_o}} \tag{3-69}$$

其中：$A_V=1+\dfrac{R_f}{R_1}$ 为二阶低通滤波器的通带增益；$\omega_o=\dfrac{1}{RC}$ 为截止频率，它是二阶低通滤波器通带与阻带的界限频率；$Q=\dfrac{1}{3-A_V}$ 为品质因数，它的大小影响低通滤波器在截止频率处幅频特性的形状。

注：式中 S 代表 $j\Omega$。

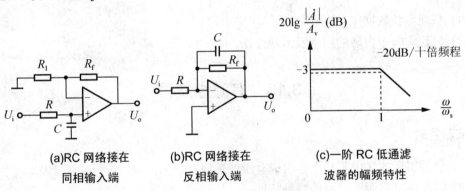

(a)RC 网络接在
同相输入端

(b)RC 网络接在
反相输入端

(c)一阶 RC 低通滤
波器的幅频特性

图 3.36　基本的有源低通滤波器

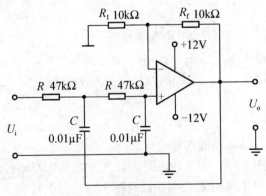

图 3.37　二阶低通滤波器

2. 高通滤波器

只要将低通滤波器滤波网络中的电阻、电容互换即可变成有源高通滤波器，如图 3.38(a) 所示。高通滤波器的性能与低通滤波器相反，其频率响应和低通滤波器是"镜像"关系。

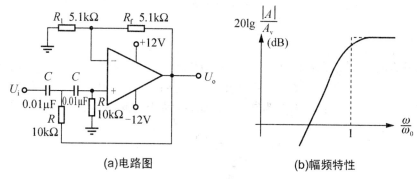

(a)电路图　　　　　　　(b)幅频特性

图 3.38　高通滤波器

这种高通滤波器的幅频特性为

$$\dot{A} = \frac{\dot{U}_o}{\dot{U}_i} = \frac{(SCR)^2 A_V}{1 + (3 - A_V)SCR + (SCR)^2} = \frac{(\frac{\omega}{\omega_0})^2 A_V}{1 - (\frac{\omega}{\omega_0})^2 + j\frac{1}{Q}\frac{\omega}{\omega_0}} \tag{3-70}$$

式中的 A_V、Ω_0、Q、S 的意义同式(3-69)。

3. 带通滤波器

带通滤波电路的作用是只允许在一个通频带范围内的信号通过，而比通频带下限频率低和比上限频率高的信号都被阻断。典型的带通滤波器要从二阶低通滤波电路中将其中一级改为高通而成，如图 3.39 所示。

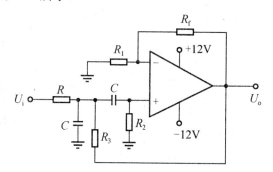

图 3.39　典型二阶带通滤波器

它的输入、输出关系为

$$\dot{A} = \frac{\dot{U}_o}{\dot{U}_i} = \frac{(1 + \frac{R_f}{R_1})\ (\frac{1}{\omega_0 RC})\ (\frac{S}{\omega_0})}{1 + \frac{B}{\omega_0} \cdot \frac{S}{\omega_0} + (\frac{S}{\omega_0})^2} \tag{3-71}$$

中心角频率：
$$\omega_o = \sqrt{\frac{1}{R_2 C^2}\left(\frac{1}{R}+\frac{1}{R_3}\right)}$$

频带宽：
$$B = \frac{1}{C}\left(\frac{1}{R}+\frac{2}{R_2}-\frac{R_f}{R_1 R_3}\right)$$

选择性：
$$Q = \frac{\omega_O}{B}$$

这种电路的优点是改变 R_f 和 R_1 的比例就可改变频宽而不影响中心频率。当 $R=160\text{k}\Omega$，$R_2=22\text{k}\Omega$，$R_3=12\text{k}\Omega$，$R_f=R_1=47\text{k}\Omega$，$C=0.01\mu\text{F}$ 时，$\omega_o=1023\text{Hz}$，其上限频率为 1074Hz，下限频率为 974Hz，Q 为 10.23，增益为 2，其幅频特性如图 3.40 所示。

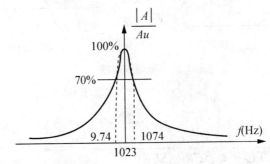

图 3.40　带通滤波器的幅频特性

4. 带阻滤波器

如图 3.41 所示，带阻滤波电路的性能和带通滤波器相反，即在规定的频带内，信号不能通过(或受到很大衰减)，而在其余频率范围，信号则能顺利通过。它常用于抗干扰设备中。

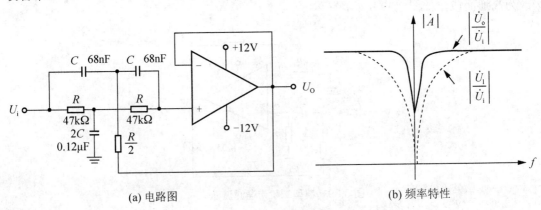

(a) 电路图　　　　　　　　　　　　　　(b) 频率特性

图 3.41　二阶带阻滤波器

这种电路的输入、输出关系为

$$\dot{A} = \frac{\dot{U_\text{o}}}{\dot{U_\text{i}}} = \frac{\left[1 + (\frac{S}{\omega_O})^2\right] A_\text{V}}{1 + 2(2 - A_\text{V})\frac{S}{\omega_O} + (\frac{S}{\omega_O})^2} \tag{3-72}$$

其中: $\qquad A_\text{V} = \dfrac{R_\text{f}}{R_\text{1}}$; $\quad \omega_O = \dfrac{1}{RC}$,

由式(3-72)可见，A_V 愈接近 2，$|A|$ 愈大，即起到阻断范围变窄的作用。

五、实验内容

1. 二阶低通滤波器

实验电路如图 3.37 所示。接通 ±12V 电源，函数信号发生器输出端接二阶低通滤波器的输入端，调节信号发生器，令其输出为 U_i=1V 的正弦波，改变其频率，并维持 U_i=1V 不变，测量输出电压 U_o，记入表 3-36 中。

表 3-36 实验数据

f(Hz)	
U_o(V)	

2. 二阶高通滤波器

实验电路如图 3.38(a)所示。按表 3-37 的内容测量并记录。

表 3-37 实验数据

f(Hz)	
U_o(V)	

3. 带通滤波器

实验电路如图 3.39 所示，测量其频率响应特性。数据表格自拟。

(1) 实测电路的中心频率 f。

(2) 以实测中心频率为中心，测出电路的幅频特性。

4. 带阻滤波器

实验电路选定为图 3.41 所示的双 T 型 RC 网络。数据表格自拟。

(1) 实测电路的中心频率。

(2) 测出电路的幅频特性。

六、实验报告

(1) 整理实验数据，画出各电路实测的幅频特性曲线。

(2) 根据实验曲线，计算截止频率、中心频率、带宽。

(3) 总结有源滤波电路的特性。

3.14　RC 正弦波振荡器

一、实验目的

(1) 进一步理解 RC 正弦波振荡器的组成及其振荡条件。

(2) 学会测量、调试振荡器。

二、实验设备与器件

1．±12V 直流电源　　　　2．函数信号发生器

3．双踪示波器(另配)　　　4．频率计

5．直流电压表　　　　　　6．μA741(或 TL082)×1　　　7．电阻、电容、电位器等

三、预习要求

(1) 复习教材中有关 RC 振荡器结构与工作原理的内容。

(2) 如何用示波器来测量振荡电路的振荡频率？

四、实验原理

RC 正弦波振荡器的主要特征是由 R、C 元件组成选频网络，主要类型有 RC 移相振荡器、RC 串并联网络振荡器、双 T 选频网络振荡器等，本实验主要讨论由运放与 RC 串并联网络组成的 RC 振荡器。

(1) 正弦波振荡器选用 RC 串并联网络作为选频和反馈网络，如图 3.42 所示。

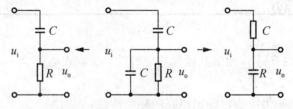

图 3.42　RC 选频和反馈网络

对于 RC 串并联网络来说：

① 当 $\omega = \omega_0 = 1/RC$，u_o 与 u_i 同相，即 $\Delta\varphi = 0$ 时，$|u_o|$ 具有最大值，即 $|u_o| = |u_i|/3$。因此，只要放大电路选择适当，即可满足自激振荡条件，输出 $f = f_0 = 1/(2\pi RC)$ 的正弦波。

② 当 $\omega \gg \omega_0$ 时，RC 选频网络等效为低通 RC 网络，此时 u_o 的相位滞后于 u_i，即 $\Delta\varphi < 0$。

③ 当 $\omega \ll \omega_0$ 时，RC 选频网络等效为高通 RC 网络，此时 u_o 的相位超前于 u_i，即 $\Delta\varphi > 0$。

(2) 波形变换电路采用的是施密特方波发生器，它实际上是一个具有滞回特性的比较

器电路。当输入为正弦波时，输出信号为方波，这种电路常用于数字系统中，将其产生的矩形波高、低电平作为触发脉冲。

如图 3.43 所示，R_1、R_2 组成正反馈网络，使集成运放工作在非线性区。当 $u_P > u_N$ 时，$u_o = +U_{omax}$；当 $u_P < u_N$ 时，$u_o = -U_{omax}$。

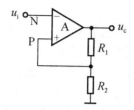

图 3.43　施密特方波发生器

由此可算出作为参考电压的 u_P。

$$
\begin{cases}
\text{当} u_o = +U_{omax} \text{时,}\ u_P = \dfrac{R_2}{R_1 + R_2} U_{omax} \\[3mm]
\text{当} u_o = -U_{omax} \text{时,}\ u_P = \dfrac{R_2}{R_1 + R_2} (-U_{omax})
\end{cases}
$$

当输入信号与 u_P(参考电压)比较后，决定 u_o 为 $+U_{omax}$ 还是 $-U_{omax}$。

(3) RC 桥式正弦波振荡器。实验电路如图 3.44 所示，其中 RC 串、并联电路构成正反馈支路，同时兼作选频网络，R_1、R_2、R_W 及二极管等元件构成负反馈和稳幅环节。

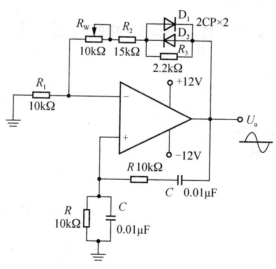

图 3.44　RC 桥式正弦波振荡器

振荡频率：$f_o = \dfrac{1}{2\pi RC}$

起振条件：$\dfrac{R_F}{R_1} > 2$(略大)

五、实验内容

按图 3.44 在实验台面板的适当位置连好线路。

(1) 接通 ±12V 电源，调节电位器 R_W，使输出波形从无到有，直至正弦波出现失真。记下临界起振、正弦波输出及失真情况下的 R_W 值，分析负反馈强弱对起振条件及输出波形的影响。

(2) 调节电位器 R_W，使输出电压 U_0 的幅值最大且不失真，用交流毫伏表分别测量输出电压 U_0、反馈电压 U_+ 和 U_-，分析振幅平衡条件。

(3) 用示波器或频率计测量振荡频率 f_0，并与理论值进行比较。

(4) 调节电位器 R_W，使输出为正弦波，并记下此时的输出幅度。断开正反馈网络与同相输入端的连接点。从运放同相输入端输入频率为振荡频率 f_0 的正弦信号(从函数信号发生器得到)，并调节信号的大小使放大器输出幅度为原振荡时的输出幅度。用毫伏表测量放大器的输入电压 U_i、输出电压 U_0 和正、负反馈电压 U_{F+} 与 U_{F-}。计算增益 A_V 及反馈系数 F_+ 与 U_{F-}。验证公式：

$$A_V = \frac{1}{F_+} = 3$$

六、实验报告

(1) 由给定电路参数计算振荡频率，并与实测值比较，分析误差产生的原因。

(2) 总结 RC 振荡器的特点。

3.15　整流滤波与并联稳压电路

一、实验目的

(1) 熟悉单相半波、全波、桥式整流电路。

(2) 了解电容的滤波作用。

(3) 了解并联稳压电路。

二、实验仪器

1. 示波器　　　　　2. 数字万用表　　　　　3. 整流滤波电路模块

三、预习要求

(1) 复习教材中有关分立元件整流滤波与并联稳压电路部分的内容，并根据实验电路参数估算 U_0 的可调范围。

(2) 在桥式整流电路实验中，能否用双踪示波器同时观察 U_2 和 U_L 的波形，为什么？

(3) 在桥式整流电路中，如果某个二极管发生开路、短路或反接 3 种情况，将会出现什么问题？

(4) 为了使稳压电路的输出电压 $U_O = 9V$，则其输入电压的最小值 U_{1min} 应等于多少？交流输入电压 U_{2min} 又怎样确定？

四、实验原理

电子设备一般都需要直流电源供电。这些直流电除了少数直接利用干电池和直流发电机外，大多数是采用把交流电(市电)转变为直流电的直流稳压电源。

直流稳压电源由电源变压器、整流、滤波和稳压电路四部分组成，其原理框图如图 3.45 所示。电网供给的交流电压 U_1(220V，50Hz)经电源变压器降压后，得到符合电路需要的交流电压 U_2，然后由整流电路变换成方向不变、大小随时间变化的脉动电压 U_3，再用滤波器滤去其交流分量，就可得到比较平直的直流电压 U_i。但这样的直流输出电压还会随交流电网电压的波动或负载的变动而变化。在对直流供电要求较高的场合，还需要使用稳压电路，以保证输出直流电压更加稳定。

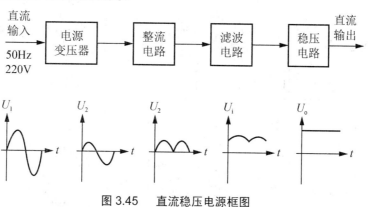

图 3.45　直流稳压电源框图

稳压管稳压电路如图 3.46 所示：

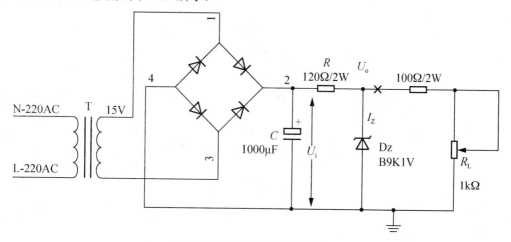

图 3.46　稳压管稳压实验电路

其整流部分为单相桥式整流、电容滤波电路，稳压部分分如下两种情况分析。

(1) 若电网电压波动，使 U_i 上升时，则

$$U_I \uparrow \rightarrow U_0 \uparrow \rightarrow I_Z \uparrow \uparrow \rightarrow I_R \uparrow \rightarrow U_R \uparrow \underline{}$$
$$ U_0 \downarrow \underline{}$$

(2) 若负载改变，使 I_L 增大时，则

$$I_L \uparrow \rightarrow I_R \uparrow \rightarrow U_0 \downarrow \rightarrow I_Z \downarrow \downarrow \rightarrow I_R \downarrow \rightarrow U_R \downarrow \underline{}$$
$$ U_0 \uparrow \underline{}$$

由上可知，稳压电路必须还要串接一个限流电阻 R，根据稳压管的伏安特性，为防止外接负载 R_L 短路，则串上 100Ω/2W 的电阻来保护电位器，才能实现稳压。

五、实验内容

1. 桥式整流电路

实验电路如图 3.47 所示。用示波器观察 U_2 及 U_L 的波形，并测量 U_2、U_D、U_L。

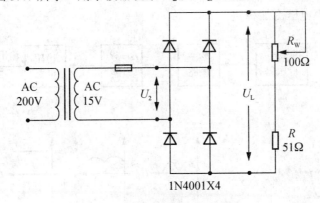

图 3.47　桥式整流电路实验电路

2. 电容滤波电路

实验电路如图 3.48 所示。

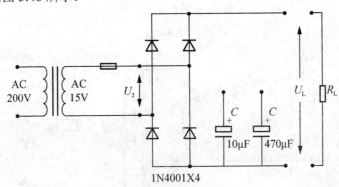

图 3.48　电容滤波电路

(1) 分别将不同电容接入电路，R_L 先不接，用示波器观察波形，用电压表测 U_L 并记录。

(2) 接入 R_L，先用 $R_L = 1k\Omega$，重复上述实验并记录。

(3) 将 R_L 改为 150Ω，重复上述实验。

3. 并联稳压电路

实验电路如图 3.49 所示。

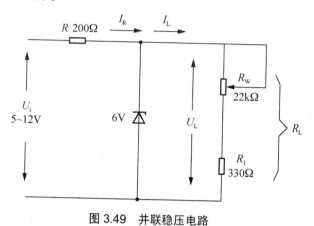

图 3.49　并联稳压电路

(1) 电源输入电压不变，测量负载变化时电路的稳压性能。

改变负载电阻 R_L，分别使负载电流 $I_L = 1mA$、$5mA$、$10mA$，分别测量 U_L、U_R、I_L、I_R，计算电源输出电阻。

(2) 负载不变，测量电源电压变化时电路的稳压性能。

用可调的直流电压变化模拟 220V 电源电压变化，电路接入前将可调电源调到 10V，然后分别调到 8V、9V、11V、12V，按表 3-38 的内容测量并记录，计算稳压系统参数。

表 3-38　实验数据

$U_i(V)$	$U_L(V)$	$I_R(mA)$	$I_L(mA)$
10			
8			
9			
11			
12			

六、实验报告

(1) 整理实验数据并按实验内容计算有关参数。

(2) 图 3.49 所示电路能输出的电流最大为多少？为获得更大电流，应如何选用电路元器件及参数？

3.16　串联稳压电路

一、实验目的

(1) 研究稳压电源的主要特性，掌握串联稳压电路的工作原理。

(2) 学会稳压电源的调试及测量方法。

二、实验仪器

1. 直流电压表　　　　　　2. 直流毫安表　　　　　　3. 示波器

4. 数字万用表　　　　　　5. 串联稳压电路模块

三、预习要求

(1) 估算图 3.50 所示电路中各三极管的 Q 点(设各管的 $\beta=100$，电位器 R_w 滑动端处于中间位置)。

(2) 分析图 3.50 所示的电路，电阻 R_2 和发光二极管 LED 的作用是什么？

四、实验原理

图 3.50 是由分立元件组成的串联型稳压电路的电路图。其整流部分为单相桥式整流电路，滤波采用电容滤波电路。稳压部分为串联型稳压电路，它由调整元件(晶体管 T_1 和 T_2)，比较放大器(T_3)，取样电路(R_4、R_w、R_5)，基准电压(R_3、D)等组成。整个稳压电路是一个具有电压串联负反馈的闭环系统，其稳压过程为：当电网电压波动或负载变动引起输出直流电压发生变化时，取样电路取出输出电压的一部分送入比较放大器，并与基准电压进行比较，产生的误差信号经 T_3 放大后送至调整管 T_2 的基极，使调整管改变其管压降，以补偿输出电压的变化，从而达到稳定输出电压的目的。

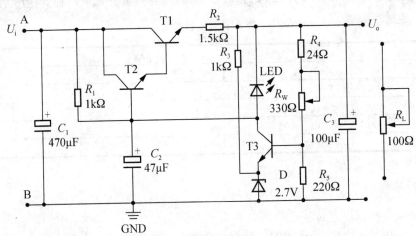

图 3.50　串联型稳压电路实验电路

稳压电路的主要性能指标如下所示。

1. 输出电压 U_o 和输出电压调节范围

$$U_o = \frac{R_4 + R_w + R_5}{R_5 + R_w'}(U_Z + U_{BE3}) \tag{3-73}$$

调节 R_w 可以改变输出电压 U_o。

2. 最大负载电流 I_{om}

3. 输出电阻 R_o

输出电阻 R_o 定义为：当输入电压 U_i(稳压电路输入)保持不变时，由于负载变化而引起的输出电压变化量与输出电流变化量之比，即

$$R_o = \frac{\Delta U_o}{\Delta I_o} \ \bigg| \ U_i = 常数 \tag{3-74}$$

4. 稳压系数 S(电压调整率)

稳压系数定义为：当负载保持不变时，输出电压相对变化量与输入电压相对变化量之比，即

$$S = \frac{\Delta U_o / U_o}{\Delta U_r / U_r} \ \bigg| \ R_L = 常数 \tag{3-75}$$

由于工程上常把电网电压波动±10%作为极限条件，因此有时也将输出电压的相对变化量$\Delta U_o / U_o$作为衡量指标，称为电压调整率。

5. 纹波电压

输出纹波电压是指在额定负载条件下，输出电压中所含交流分量的有效值(或峰值)。

五、实验内容

1. 静态调试

(1) 看清楚实验电路板的接线，查清引线端子。

(2) 按图 3.50 接线，负载 R_L 开路，即稳压电源空载。

(3) 将+5～+27V 电源调到 9V，接到 U_i 端。再调电位器 R_w，使 U_o=6V。测量各三极管的 Q 点，填入表 3-39 中。

表 3-39 实验数据

	T_1	T_2	T_3
$U_B(V)$			
$U_C(V)$			
$U_E(V)$			

(4) 调试输出电压的调节范围。调节 R_w，观察输出电压 U_o 的变化情况，记录 U_o 的最大值和最小值。

2. 动态测量

(1) 测量电源稳压特性。使稳压电源处于空载状态，调可调电源电位器，模拟电网电压波动±10%，即 U_i 由 8V 变到 10V。量测相应的 ΔU。根据 $S=(\Delta U_o/U_o)/(\Delta U_i/U_i)$，计算稳压系数。

(2) 测量稳压电源的内阻。稳压电源的负载电流 I_L 由空载变化到额定值 I_L=100mA 时，测量输出电压 U_o 的变化量即可求出电源内阻 $R_O = \Delta U_o / \Delta I_L$。在测量过程中，使 U_i=9V

保持不变。

(3) 测量输出的纹波电压。将图 3.50 中的电压输入端 U_i 接到图 3.51 的整流滤波电路的输出端(即接通 A-a，B-b)，在负载电流 $I_L = 100\text{mA}$ 的条件下，用示波器观察稳压电源输入输出中的交流分量 u_o，描绘示波器波形。用晶体管毫伏表测量交流分量的大小。

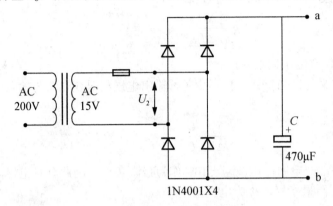

图 3.51　整流滤波电路

思考题：

① 如果把图 3.50 所示电路中电位器的滑动端向上(或是向下)调，各三级管的 Q 点将如何变化？可以试一下。

② 调节 R_w 时，T_3 的发射极电位如何变化？电阻 R_w 的两端电压如何变化？可以试一下。

③ 如果把 C_3 去掉(开路)，输出电压将如何？

④ 这个稳压电源中哪个三极管消耗的功率大？按实验内容 2 中的步骤(3)接线。

3. 输出保护

(1) 在电源输出端接上负载 R_L 的同时串接电流表，并用电压表监视输出电压，逐渐减小 R_L 值，直到短路，注意 LED 发光二极管逐渐变亮，记录此时的电压、电流值。

(2) 逐渐加大 R_L 值，观察并记录输出电压、电流值。注意：此实验内容的短路时间应尽量短(不超过 5s)，以防元器件过热。

六、实验报告

(1) 对静态调试及动态测试进行总结。

(2) 计算稳压电源内阻 $R_o = \Delta U_o / \Delta I_L$ 及稳压系数 S_r。

(3) 对部分思考题进行讨论。

3.17　集成稳压器

一、实验目的

(1) 研究集成稳压器的特点和性能指标的测试方法。

(2) 了解集成稳压器扩展性能的方法。

二、实验仪器

1. 可调工频电源
2. 双踪示波器(另配)
3. 交流毫伏表
4. 直流电压表
5. 直流毫安表
6. 集成稳压电路模块

三、预习要求

(1) 复习教材中有关集成稳压器部分的内容。
(2) 列出实验内容中所要求的各种表格。
(3) 在测量稳压系数 S 和电阻 R_o 时，应怎样选择测试仪表？

四、实验原理

随着半导体工艺的发展，稳压电路也制成了集成器件。由于集成稳压器具有体积小、外接线路简单、使用方便、工作可靠和通用等优点。因此在各种电子设备中应用种类很多，应根据设备对直流电源的要求来进行选择。对于大多数电子仪器、设备和电子电路来说，通常选用串联线性集成稳压器。而在这些类型的器件中，又以三端式稳压器应用最为广泛。

W78、W79 系列三端式集成稳压器的输出电压是固定的，在使用中不能进行调整。W78 系列三端式稳压器输出正极性电压，一般有 5V、6V、9V、12V、15V、18V、24V 等 7 个档次，输出电流最大可达 1.5A(加散热片)。同类型 W78M 系列稳压器的输出电流为 0.5A，W78L 系列稳压器的输出电流为 0.1A。若要求负极性输出电压，则可选用 W79 系列稳压器。图 3.52 为 W78 系列的外形和接线图。它有 3 个引出端：

输入端(不稳定电压输入端)　　标以"1"
输出端(稳定电压输出端)　　标以"3"
公共端　　标以"2"

除固定输出三端稳压器外，尚有可调式三端稳压器，后者可通过外接元件对输出电压进行调整，以适应不同的需要。

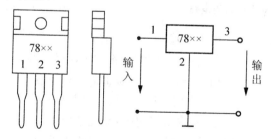

图 3.52　W78 系列外形及接线图

本实验所用的集成稳压器为三端固定正稳压 W7812，它的主要参数有：输出直流电压 U_o=+12V；输出电流 L：0.1A，M：0.5A；电压调整率 10mV/V；输出电阻 R_o=0.15Ω；输入电压 U_i 的范围 15～17V。因为一般 U_i 要比 U_o 大 3～5V，才能保证集成稳压器工作在线性区。

图 3.53 是用三端式稳压器 W7812 构成的单电源电压输出串联型稳压电源的实验电路图。其中整流部分采用了由 4 个二极管组成的桥式整流器成品(又称桥堆)，型号为 ICQ—48。滤波电容 C_1、C_2 一般选取几百到几千微法。当稳压器距离整流滤波电路比较远时，在输入端必须接入电容器 C_3(数值为 33μF)，以抵消线路的电感效应，防止产生自激振荡。输出端电容 C_4(0.1μF)用以滤除输出端的高频信号，改善电路的暂态响应。

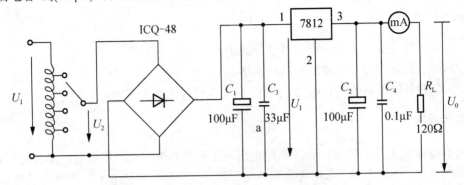

图 3.53　由 W7812 构成的串联型稳压电源

图 3.54 为正、负双电压输出电路，例如需要 $U_{O1}=+18V$，$U_{O2}=-18V$，则可选用 W7818 和 W7918 三端稳压器，这时的 U_i 应为单电压输出时的两倍。

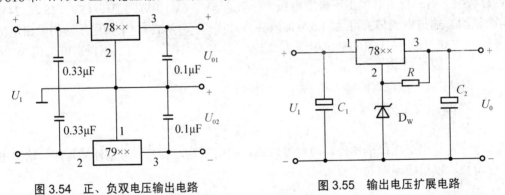

图 3.54　正、负双电压输出电路　　　　图 3.55　输出电压扩展电路

当集成稳压器本身的输出电压或输出电流不能满足要求时，可通过外接电路来进行性能扩展。图 3.55 是一种简单的输出电压扩展电路。如 W7812 稳压器的 3、2 端输出电压为 12V，因此只要适当选择 R 的值，使稳压管 D_W 工作在稳压区，则输出电压 $U_o=12+U_z$，可以高于稳压器本身的输出电压。图 3.56 是通过外接晶体管 T 及电阻 R_1 来进行电流扩展的电路。电阻 R_1 的阻值由外接晶体管的发射结导通电压 U_{BE}、三端式稳压器的输入电流 I_i(近似等于三端稳压器的输出电流 I_{O1})和 T 的基极电流 I_B 来决定，即

$$R_1=\frac{U_{BE}}{I_R}=\frac{U_{BE}}{I_i-I_B}=\frac{U_{BE}}{I_{01}-\dfrac{I_C}{\beta}} \tag{3-76}$$

其中：I_C 为晶体管 T 的集电极电流，它应由 $I_C=I_O-I_{O1}$ 求得；β 为 T 的电流放大系数；对锗管，U_{BE} 按 0.3V 估算，对硅管，U_{BE} 按 0.7V 估算。

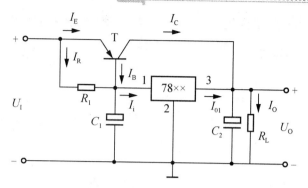

图 3.56　输出电流扩展电路

附：(1)图 3.57 为 W79 系列(输出负电压)的外形及接线图。

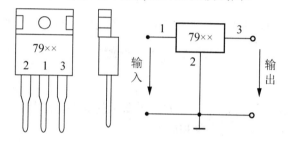

图 3.57　W79 系列外形及接线图

(2)图 3.58 为可调输出正三端稳压器 317 的外形及接线图。

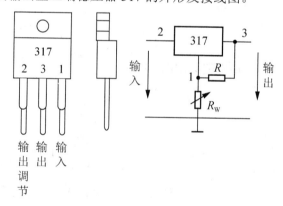

图 3.58　317 外形及接线图

五、实验内容

按图 3.53 连接实验电路，取负载电阻 $R_L = 120\Omega$。

1. 初测

接通工频 14V，测量 U_2 的值，测量滤波电路输出电压 U_i、集成稳压器输出电压 U_o，它们的数值应与理论值大致符合，否则说明电路出了故障，应设法查找故障并加以排除。

电路经初测进入正常工作状态后，才能进行各项指标的测试。

2．测试各项性能指标

1）输出电压 U_o 和最大输出电流 I_{Omax}

在输出端接负载电阻 $R_L=120\Omega$，由于 W7812 的输出电压 $U_o=12V$，因此流过 R_L 的电流为 $I_{omax}=100mA$。这时 U_o 应基本保持不变，若变化较大则说明集成电路性能不良。

2）稳压系数 S 的测量

3）输出电阻 R_o 的测量

4）输出纹波电压的测量

把测量结果记入自拟表格中。

3．集成稳压器性能扩展

根据实验要求，选取图 3.54 和图 3.55 中的各元件器材，并自拟测试方法与表格，记录实验结果。

六、实验报告

(1) 整理实验数据，计算 S 和 R_o，并与手册上的典型值进行比较。

(2) 分析讨论实验中发生的现象和问题。

3.18 应用实验一：控温电路

一、实验目的

(1) 学习用各种基本电路组成实用电路的方法。

(2) 学会系统测量和调试。

二、实验仪器

1．±12V 直流电源

2．直流电压表

3．双踪示波器(另配)

4．数字式温度计

5．四运放 LM324、晶体管 9013、8050、稳压管 2DW7、发光管 LED、电阻器、电位器及 NTC 元件等

三、预习要求

(1) 电桥的测量原理是什么？试写出测量电桥输出电压的表达式。

(2) R_t 可否采用具有正温度系数的热敏电阻？它对控制温度的标定有何影响？

(3) 测量放大器的工作原理是什么？计算图 3.59 所示电路的测量放大器的电压放大倍数。

(4) 画出滞回比较器的滞回特性曲线。

四、实验原理

1. 实验电路

实验电路如图 3.59 所示，它是由负温度系数电阻特性的热敏电阻(NTC 元件)Rt 为一臂组成测温电桥，其输出经测量放大器(A1、A2、A3 组成)放大后由滞回比较器输出"加热"(灯亮)与"停止"(灯灭)。改变滞回比较器的比较电压 UR 即改变控温的范围，而控温的精度则由滞回比较器的滞环宽度确定。Rt 和 R16(100Ω/2W)及温度计已绑在一起。

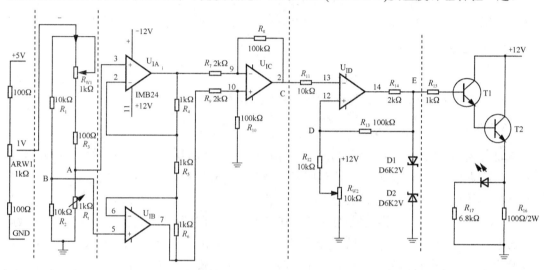

图 3.59　控温实验电路

2. 控制温度的标定

首先确定控制温度的范围。设控温范围为 $T_1 \sim T_2$(℃)，标定时将 NTC 元件 R_t 置于恒温槽中，使恒温槽温度为 T_1，调整 R_{W1} 使 $U_C = U_D$，此时的 R_{W1} 位置标为 T_1，同理可标定 T_2 的位置。根据控温精度的要求，可在 $T_1 \sim T_2$ 之间标记若干个点，在电位器 R_{W1} 上标注相应的温度刻度即可。若 R_{W1} 调不到所要求值，则应改变 R_3 或 R_{W1} 的阻值。控温电路工作时，只要将 R_{W1} 对准所要求温度，即可实现恒温控制。由于不具备恒温槽条件，我们调节 R_{W1} 的 T_1(室温)和 T_2(U_{AB}=30mV)进行比较、调试和原理说明。

3. 实验电路分析

实验中的加热装置用一个 100Ω/2W 的电阻模拟，将此电阻靠近 R_t 即可。调节 R_{W2} 使 U_R=4V，当调节 R_{W1} 由最大值逐渐减小到灯亮和灯灭临界状态时的温度为 T_1，根据滞回比较器的传输特性，此时 $U_C = U_D$，100Ω/2W 电阻的温度就是当前室温，不用测量温度，可用手感觉到。调节到 T_2 情况下，经过放大器放大输出电压 $|U_C|$ 很大，根据滞回比较器的传输特性，U_E 为正稳压值，复合管起电流放大作用，给 100Ω/2W 电阻加热，灯亮。此时 R_t 随电阻温度的增加而阻值减小，U_A 逐渐逼近 U_B，$|U_C|$ 逐渐减小到 $U_C < U_D$ 时灯灭，U_E 为负稳压值，这时停止加热，R_t 的值增加，$|U_C|$ 增加到加热前的情况，这样灯亮、灯灭变化，保持在 $U_C = U_D$ 的附近加热和停止，控制电阻温度在 T_2 处不变，达到了恒温控制的目的。

五、实验内容

1. 系统性能测试

在实验箱恒温控制模块中，令输入端 B 点接地，A 点引入 0V 直流信号源，LM324 电源插孔接入+12V 和-12V 电源，C 点与 R_{11} 连接，连接好电位器 R_{W2}(中间触点接 UTP3，两端分别接+12V 和地)，打开交流开关，调节 R_{W2} 使 UTP3 的输入电压恒为 4V。用万用表检测 C 点电压，并用示波器观察 E 点电位，当缓慢改变 A 点电压及其极性时，分别记录使 E 点电位发生正跳变和负跳变的 C 点电压 U_C 的值，并由此画出滞回特性曲线。

2. 电压放大倍数的测量

在步骤 1 连线的基础上，断开 C 点与 R_{11} 的连接，调节 A 点输入电压使 $U_{AB}=30\text{mV}$，测量 C 点电压 U_C 的值，计算测量放大器的电压放大倍数。

3. 系统调试

如图 3.59 所示，在实验原理分析中，由于一旦加热即热敏电阻很快变化，这样 A 点的电位是动态变化的，因此为了达到所要求的恒温控制过程，要先在不加热的情况下调整好一个恒温值，可设为 T_2 来调试系统(如原理说明一致，即 $U_{AB}=30\text{mV}$，由于热敏电阻为负温差特性，随室温不同阻值是变化的，在冬天热敏电阻的电阻值比较大，在热天热敏电阻的电阻值很小，为了使 U_{AB} 的值能调节到 30mV，则相应改变 R_3 的阻值来调节 U_{AB}，设室温情况下热敏电阻值为 R_t，调节电阻值为 R_3，电位器最大阻值为 R_{W1}，则它们之间的关系：$R_3<R_t \leq R_{W1}+R_3$)。

(1) 在实验箱中按照图 3.59 所示电路正确接线，开始接直流信号源到电桥电路，C、E 点即是 C 与 R_{11}、E 与 R_{15} 相连点，先连接 C 与 R_{11}，把热敏电阻和功率源捆绑在一起，接在 LM324 插座上，黑色线为公共端相对 J_1 插孔输出(即 J_1 接地)，白色线为热敏电阻输入端相对 J_2 输入(即 A 插孔连接到 J_2 处)，红色线为功率源输入端相对 J_3 输入(即 UTP10 连接到 J_3 处)；LM324 左边的电源插孔接入+12V 和-12V 电源，除了 E 与 R_{15} 不连接，LM324 右边+12V 电源插孔不接外，将图 3.59 所有连线连接完毕。

(2) 打开交流开关，调节直流信号源 AR_{W1} 使接入电桥的电压为 1V(用万用表监测)，调节 R_{W2} 使 UTP3 恒为 4V，调节 R_{W1} 使温度为 T_2 ($U_{AB}=30\text{mV}$)后，连接 E 与 R_{15}，LM324 右边+12V 电源插孔接入+12V 电源，电路构成如图 3.59 所示。用万用表测量 A、C、D、E 各点的电压变化情况，列表记录数据，并结合数据分析恒温控制的工作过程。

(3) 用万用表测量灯亮("加热")与灯灭("停止")的临界点时 C 点的电压值，绘制出滞回比较器的特性曲线。

4. 控温过程的测试

若条件允许，试按表 3-40 的要求，重复步骤 3，记录整定温度下的升温和降温时间及用温度计测量出的大概温度值。

表 3-40 实验数据

整定恒温值	R_{W1} 值(Ω)	升温时间(s)	降温时间(s)
$T_1=$	0		
$T_2=$	50		
$T_3=$	100		

六、实验报告

(1) 根据系统性能测试数据，绘出滞回比较器的滞回特性曲线，并思考回答：滞回特性曲线的中点电压值与恒温整定值有无关系？要想提高恒温控制精度，应如何改变电路参数？

(2) 根据实测值分析：上述整定恒温值 $T_1 \sim T_3$ 哪个温度最高？试阐明其道理。

(3) 当 R_{W1} 值增加时，将导致整定温度增加还是降低？为什么？

(4) 写出实验的心得体会。

3.19 应用实验二：函数信号发生器的组装与调试

一、实验目的

(1) 掌握单片集成函数信号发生器电路 XR-2206 的功能及使用方法。

(2) 进一步掌握波形参数的测试方法。

二、实验仪器

1. ±6V 直流电源
2. 双踪示波器(另配)
3. 频率计
4. 直流电压表
5. XR-2206、电位器、电阻器、电容器等

三、实验原理

1. 芯片介绍

XR-2206 是一种单片集成函数发生器电路，能产生高稳定度和高精度的正弦波、方波、三角波、斜波和矩形脉冲，这些输出信号可受外加电压控制，从而可实现振幅调制(AM)或频率调制(FM)。其工作频率范围为 0.01Hz～1MHz。XR-2206 可广泛应用于各种波形信号发生器、正弦波或脉冲波的 AM / FM 发生器、扫频振荡器、电压 / 频率转换器、位移键控制(FSK)发生器、调制解调器(MODEM)作调制器用，也可在锁相环路(PLL)中作压控振荡器(VCO)使用。

2. 功能特性

XR-2206 采用双列直插式塑封，其引脚排列如图 3.60 所示，引脚功能见表 3-41。

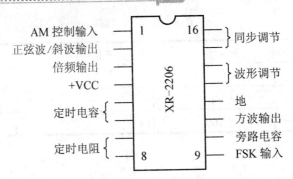

图 3.60　XR-2206 管脚图

表 3-41　XR-2206 的引脚功能

引　脚	功　　能	引　脚	功　　能
1	AM 控制信号输入端	9	FSK(频移键控)控制信号输入端
2	正弦波或斜波信号输出端	10	去耦端
3	乘法器输出端	11	方波信号输出端
4	正电源端	12	接地端
5	压控振荡器定时电容端	13	输出波形调整端
6	压控振荡器定时电容端	14	输出波形调整端
7	外接定时电阻端	15	波形对称调整端
8	外接定时电阻端	16	波形对称调整端

　　XR-2206 的典型电气参数如下：电源电压 U_{CC} 为 0～26V；扫描频率范围为 2000:1；最低振荡频率为 0.01Hz；最高振荡频率为 1MHz；正弦波失真度为 0.5%；振幅稳定度优于 0.5dB(相对于 1000:1 的扫频范围)；线性 AM 范围为 100%；FSK 控制电平为 1.4V(0.8～2.4V)；可调节占控比为 1%～99%；正弦波输出阻抗为 600Ω；功耗为 750mW。

　　图 3.61 是 XR-2206 的内部功能方框图。XR-2206 内部 VCO 有 7 脚和 8 脚两独立的引脚，可分别与地端接两个独立的定时电阻 R_{t1} 和 R_{t2}。电流开关受 9 脚电压的控制。这两个定时电阻端的内部偏置电压为 3.125V，最大允许电流为 3mA。所以，R_{t1} 和 R_{t2} 的阻值均应在 1kΩ 以上。在定时电阻 R_{t1} 和 R_{t2} 端不加外部控制电压和施加外部控制电压时，电路分别如图 3.62、图 3.63 所示。由于电路的振荡频率是流过定时端(7 脚或 8 脚)的电流 I_t 和定时电容 C_t 的函数，即 $f_c=0.32I_t/C_t$，所以图 3.62 所示电路的振荡频率为

$$f_c = \frac{1}{R_{t2} \cdot C_t}[1 + \frac{R_{t2}}{R_c}(1 - \frac{V_{con}}{3.125})] \tag{3-77}$$

　　由式(3-77)可知，当控制电压 V_{con} 变化时，电路的振荡频率 f_c 也随之发生变化，或者说振荡频率受到调制，将上式对 V_{con} 微分，则有 $K=-0.32/R_c \cdot C_t$，系数 K 为电压频率转换增益，单位是 Hz/V。因此，要得到有一定扫频范围的振荡，必须在 R_{t1} 和 R_{t2} 端加一定的控制电压。K 为负值，其物理意义是控制电压越大，振荡频率越低。

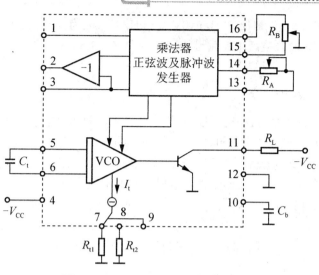

图 3.61　XR-2206 内部功能方框图

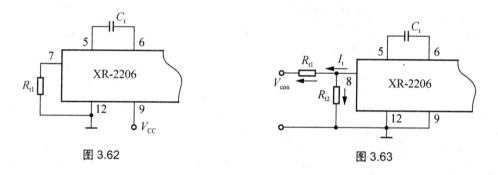

图 3.62　　　　　　　　　　　　　　　　图 3.63

四、实验电路

1. 频率可变的正弦波信号发生器

图 3.64 为采用 XR-2206 设计的一台频率范围为 20Hz～20kHz、扫频控制电压为 0～10V 的正弦波发生器。

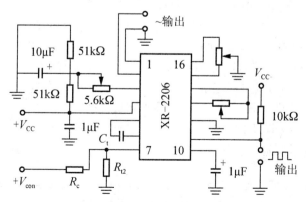

图 3.64　频率可变的正弦波信号发生器电路

根据设计要求，$K=(20\text{kHz}-20\text{Hz})/10\text{V} \approx 2\text{kHz/V}$。因为 $K=-0.32 / R_c \cdot C_t$ 及 $f_c=0.32I_t / C_t$，又因为定时端的最大电流不能超过 3mA，现取 $I_t=2.5\text{mA}$，故可得出 $C_t=0.04\mu\text{F}$；再进一步算出 $R_c=4\text{k}\Omega$；$R_{t2}=1.8\text{k}\Omega$。

2. FSK(频移键控)发生器

FSK 是通过语音类信号(如电话线)来传送数据的一种方法。在这种应用中，被传送的数据首先必须变换成与传输介质相容的信号(如音频信号)，数据以这种形式传送到接收器之后，再经过解调变换为原来的数字信号。完成这种功能的部件称为调制解调器。调制器产生 FSK 信号，称为 FSK 发生器。解调器则将 FSK 信号解调为数字信号，称为 FSK 解调器。利用 XR-2206 构成的 FSK 发生器实际上是 FM 传输的特殊情况，其输出信号频率仅是两个期望频率中的一个，由数字信号的状态决定，FSK 控制电平为 1.4V。

图 3.65 是广泛用于计算机网、办公室自动化系统、远程自控系统及移频通信中的 FSK 电路。

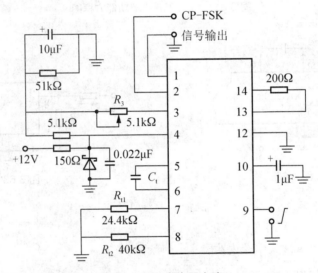

图 3.65　FSK 发生器电路

当数据传输速率为 2400bps 时，按照推荐标准：副载波频率 $f_c=3.3\text{kHz}$ 时，移频频率 $f_1=4.1\text{kHz}$，$f_2=2.5\text{kHz}$，选用 $C_t=0.01\mu\text{F}$，则由 $f_1=1/R_{t1} \cdot C_t$，$f_2=1/R_{t2} \cdot C_t$，可得 $R_{t1}=24.4\text{k}\Omega$，$R_{t2}=40\text{k}\Omega$(可由固定电阻和可调电阻实现)。其输出 FSK 信号的幅度正比于 XR-2206 的 3 脚上的外接电阻 R_3，对于正弦 FSK 信号而言，其峰值幅度 $U=0.6R_3$(V)。R_3 的阻值为 5.1kΩ。XR-2206 的 13 脚与 14 脚之间所接的 200Ω 电阻可改善正弦波的失真，如果在 13 脚、14 脚之间接一个 330Ω 的电位器，在 15 脚、16 脚间接一个 68kΩ 的电位器，仔细调节两个电位器后，谐波失真可减小到 0.5%以下。

3. 锯齿波信号发生器

图 3.66 是利用方波信号发生器的输出引脚 11 脚，反馈到其 FSK 输入端(9 脚)的 XR-2206 构成的锯齿波信号发生器。只要选择好两个定时电阻 R_{t1} 和 R_{t2}，该振荡器就能输

出占空比可从 0.1%调到 99%的脉冲。

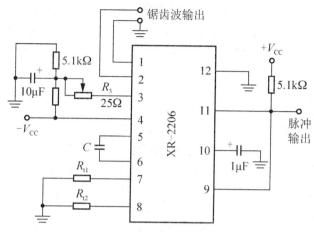

图 3.66 锯齿波信号发生器

五、实验内容

(1) 分别按图 3.64、图 3.65、图 3.66 所示的电路图连接电路。

(2) 调整电路, 使其处于振荡状态, 产生相应波形。

(3) 改变 C_t 的值, 并分别记录相应频率。用示波器观测 XR-2206 各输出端的波形, 反复调整相应电位器, 使输出波形不产生明显的失真。

六、实验报告

列表整理 C_t 取不同值时 3 种波形的频率和幅度值。

3.20 应用实验三：光电耦合线性放大器

一、实验目的

了解光电耦合器件的基本特性, 研究光电隔离线性放大器的原理与应用。

二、实验仪器

1. ±12V 直流电源
2. 直流电压表
3. 函数信号发生器
4. μA741、TIL117、二极管、电阻器、电容器等
5. 双踪示波器(另配)

三、实验原理

1. 应用场合

光电耦合器件(以下简称光耦器件)是利用光作为媒介进行信号传递的器件。它由发光

二极管和光电管组成。本实验所用的光耦器件 TIL117 的管脚图如图 3.67 所示。

光耦器件广泛应用于在电气上互相独立而两者之间又需进行信号传递的两系统中。在工业或科研等领域中，有时测试电路与被测试信号之间或控制与被控制系统之间有高达几百伏以上的电位差，必须对两系统进行有效隔离才能正常工作，否则会危及人身或设备的安全。此外，在实际电路中，尤其在工业环境下，电路中常存在干扰信号，用光电耦合器件进行隔离，也是防止干扰的有效手段。

2. 光电耦合器件的工作原理

如图 3.68 所示，该电路包含两个独立的电路系统。由信号源 V_i、直流电源 E、R_W 及发光二极管组成第一个电路系统，其余部分是第二个电路系统，两部分电路没有电的联系，各有自己的接地点(图中用不同的接地符号表示)，只是通过光耦器件传递信号。

(1) 静态调整：当 $V_i=0$ 时，调节 R_W，使二极管的正向压降等于 0，二极管不发光，$I_C=0$，这时 $I_R=I_C+I_F=I_F$。又因为运算放大器反相端电位为 0(虚地)，所以 $V_o=-I_FR_F$。

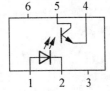

图 3.67　TTL117 管脚图

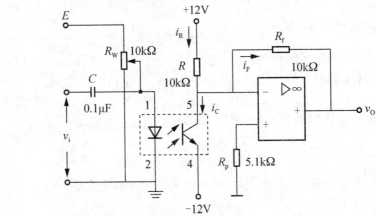

图 3.68　光耦器件工作原理图

当二极管正向压降逐步增加时，随着二极管发光强度的增加，i_C 逐渐加大，当 $i_C=i_R$ 时，$i_F=0$，$V_o=0$，即电路达到静态。

在静态情况下，实测发光二极管的正向压降 $V_D \approx 1V$。

(2) 动态实验：在上述静态偏置的基础上，加入适当幅值的交流信号 V_i，输出端就会产生同相的交流信号。信号的传递过程如下：ΔV_i 经电容耦合，产生等量的 ΔV_D，再按线性关系形成相应的 Δi_C。又因 i_R 为恒定值，故 $\Delta i_F=\Delta i_C$，于是 ΔV_o 随 ΔV_i 呈线性变化。

改变 R_F 可以改变 V_o 的变化幅度，从而调节了整体电路的电压放大倍数。

3. 实际的光电耦合线性放大器

图 3.68 所示的电路存在着非线性失真并有温度漂移的缺点，而且静态很难调整。因此，实际使用中常采用具有负反馈的光耦电路，如图 3.69 所示。图中 A 点的电流和 $\sum i_A=0$，则

$$i_{R1} + i_{R2} = i_C + i_{C1}.$$

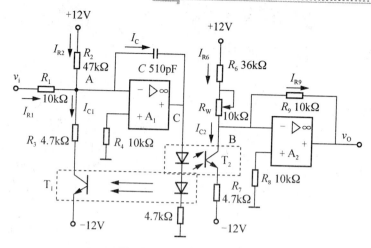

图 3.69　光耦线性电路

由 $\sum I_B = 0$，得 $I_{R6} = I_{C2} + I_{R9}$。

在静态情况下，$V_i = 0$，A、B 点的电位均为 0，所以 $I_{R1} = 0$。但在合闸瞬间，由于 A_1 的反馈电容 C 的耦合作用，二极管导通发光，通过 T_1 的耦合作用，i_{C1} 增加，i_C 减小，造成负反馈，最后稳定于 $I_{R2} = I_{C1}$。

由于串联的两个二极管的电流相同，若 T_1、T_2 特性相同，则 $I_{C1} = I_{C2}$。调节 R_{W1}，使 $R_6 + R_{W1} = R_2$ 时，有 $I_{R6} = I_{R2} = I_{C1} = I_{C2}$，此时 $V_o = 0$。

引入交流信号 V_i 时，产生 $\Delta I_{R1} = \dfrac{\Delta V_i}{R}$，若 ΔI_{R1} 为正增量，A_1 输出端将下降 ΔV_c，通过 T_1 负反馈将使 I_{C1}、I_{C2} 产生相同的增量。

在新的平衡下，$\Delta I_{C1} = \Delta I_{R1} = \Delta I_{C2}$，$\Delta I_{C2}$ 将全部流经 R_9 和 R_{W2}，形成输出增量 ΔV_o。

电压放大倍数：
$$A_v = \frac{\Delta V_o}{\Delta V_i} = \frac{\Delta I_{C2}(R_9 + R_{W2})}{\Delta I_{R1} R_1} = \frac{R_9 + R_{W2}}{R_1} \tag{3-78}$$

四、实验内容

1. 静态调整和测试

(1) 按图 3.69 接线，令 $V_i = 0$，调节 R_{W1} 使 $V_o = 0$，测量并记录 V_{R1}、V_{R7}、V_{R5} 和光耦器件中二极管的正向压降。

(2) 改变 R_{W1}，测试上述各量及输出电压，观察是否有变化。研究静态情况下使 $V_o = 0$ 的条件。

2. 动态测试

(1) 在静态测试的基础上，加入 $V_i = 0.5V$，$f = 1kHz$ 的正弦波，观察并记录 V_o 的波形及其幅度。

(2) 调节 R_{W2}，使放大器的放大倍数 $A_V = 1$，并观察记录 V_o 的幅度随 R_{W2} 变化的规律。

(3) 缓慢增加 V_i 的幅值，观察 V_o 的幅度随 V_i 的变化，记录 V_o 开始失真时 V_i 的半波峰值是多少。

五、预习要求

认真阅读实验原理，理解光耦放大器的基本原理。

六、注意事项

(1) 运算放大器电源电压不要超过 15V。

(2) 在图 3.69 所示电路中，当 V_i 幅度较大时，V_o 将出现失真，实测表明，使 V_o 失真的 V_i 半波峰值约为 1.5V。因为在图 3.68 中，使静态下 $V_o=0$ 时的 $V_D≈1V$，即输入交流信号 V_i 的负半波幅度不能大于 1V，否则输出波形会出现失真。在图 3.69 所示电路中，由于输入级运算放大器引入了负反馈，使 V_o 失真的 V_i 半波峰值有所提高，这正好说明了负反馈对波形失真的改善作用。

七、思考题

(1) 在图 3.69 中，若光耦器件 T_1、T_2 的特性不对称，对实验结果会有什么影响？

(2) 如果 $R_6+R_{W1}≠R_2$，电路能否正常工作？

3.21 应用实验四：运算放大器组成万用电表的设计与调试

一、实验目的

设计由运算放大器组成的万用电表，并进行组装与调试。

二、实验元器件选择

1. 表头　　　　　　　　灵敏度为 1mA，内阻为 100Ω
2. 运算放大器　　　　　μA741
3. 电阻器　　　　　　　均采用 1Ω/4W 的金属膜电阻器
4. 二极管　　　　　　　IN4007
5. 稳压管　　　　　　　2CW51

三、设备要求

1. 直流电压表　　　　　满量程为 ±6V
2. 直流电流表　　　　　满量程为 10mA
3. 交流电压表　　　　　满量程为 6V，50Hz～1kHz
4. 交流电流表　　　　　满量程为 10mA
5. 欧姆表　　　　　　　满量程分别为 1kΩ，10kΩ，100kΩ

四、万用电表工作原理及参考电路

在测量过程中，电表的接入应不影响被测电路的原工作状态，这就要求电压表应具有无穷大的输入电阻，电流表的内阻应为零。但实际上，万用电表表头的可动线圈总有一定的电阻。例如，100μA 的表头，其内阻约为 1kΩ，用它进行测量时将影响被测量，引起误差。此外，交流电表中的整流二极管的压降和非线性特性也会产生误差。如果在万用电表中使用运算放大器,则能大大降低这些误差,提高测量精度。在欧姆表中采用运算放大器,不仅能得到线性刻度,还能实现自动调零。

1. 直流电压表

图 3.70 为同相端输入高精度直流电压表的电路原理图。

为了减小表头参数对测量精度的影响,将表头置于运算放大器的反馈回路中。这时,流经表头的电流与表头的参数无关,只要改变 R_1 的电阻值,就可进行量程的切换。

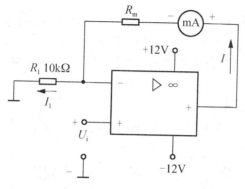

图 3.70 直流电压表

表头电流 I 与被测电压 U_i 的关系为

$$I = \frac{1}{R_1} U_i \tag{3-79}$$

应当指出:图 3.70 适用于测量电路与运算放大器共地的有关电路。此外,当被测电压较高时,在运放的输入端应设置衰减器。

2. 直流电流表

图 3.71 是浮地直流电流表的电路原理图。在电流测量中,浮地电流的测量是普遍存在的。例如,若被测电流无接地点,就属于这种情况。为此,应把运算放大器的电源也对地浮动。按此种方式构成的电流表就可像常规电流表那样,串联在任何电流通路中测量电流。

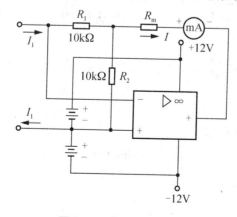

图 3.71 直流电流表

表头电流 I 与被测电流 I_1 间关系为

$$-I_1R_1=(I_1-I)R_2 \tag{3-80}$$

即

$$I=(1+\frac{R_1}{R_2})I_1 \tag{3-81}$$

可见，改变电阻比 (R_1/R_2) 可调节流过电流表的电流，以提高灵敏度。当被测电流较大时，应给电流表表头并联分流电阻。

3. 交流电压表

由运算放大器、二极管整流桥和直流毫安表组成的交流电压表如图 3.72 所示。被测交流电压 u_i 加到运算放大器的同相端，故有很高的输入阻抗。又因为负反馈能减小反馈回路中的非线性影响，故把二极管桥路和表头置于运算放大器的反馈回路中，以减小二极管本身非线性的影响。

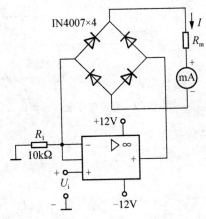

图 3.72　交流电压表

表头电流 I 与被测电压 u_i 的关系为

$$I=u_i/R_1 \tag{3-82}$$

电流 I 全部流过桥路，其值仅与 u_i/R_1 有关，与桥路和表头参数(如二极管的死区等非线性参数)无关。表头中的电流与被测电压 u_i 的全波整流平均值成正比，若 u_i 为正弦波，则表头可按有效值来刻度。被测电压的上限频率决定于运算放大器的频带和上升速率。

4. 交流电流表

图 3.73 为浮地交流电流表，表头读数由被测交流电流 i 的全波整流平均值 I_1 决定，即

$$I=(1+\frac{R_1}{R_2})I_1 \tag{3-83}$$

如果被测电流 i 是正弦电流，即

$$i_1=\sqrt{2}\,I_1\sin\omega t$$

则上式可写为

$$I=0.9(1+\frac{R_1}{R_2})I_1 \tag{3-84}$$

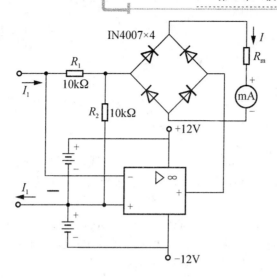

图 3.73 交流电流表

则表头可按有效值来刻度。

5. 欧姆表

图 3.74 为多量程的欧姆表。

在此电路中，运算放大器改由单电源供电，被测电阻 Rx 跨接在运算放大器的反馈回路中，同相端加基准电压 U_{REF}。

因为 $U_P = U_N = U_{REF}$，$I_1 = I_x$，即

$$\frac{U_{REF}}{R_1} = \frac{U_o - U_{REF}}{Rx} \tag{3-85}$$

即

$$Rx = \frac{R_1}{U_{REF}}(U_o - U_{REF}) \tag{3-86}$$

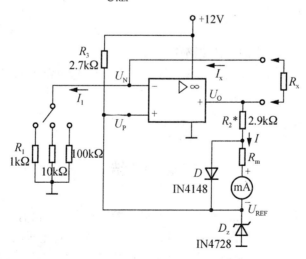

图 3.74 欧姆表

流经表头的电流 I 为

$$I = \frac{U_O - U_{REF}}{R_2 + R_M} \qquad (3\text{-}87)$$

由式(3-86)和式(3-87)消去$(U_O - U_{REF})$可得

$$I = \frac{U_{REF}R_X}{R_1(R_m + R_2)} \qquad 3\text{-}88)$$

可见，电流 I 与被测电阻成正比，而且表头具有线性刻度，改变 R_1 值可改变欧姆表的量程。这种欧姆表能自动调零，当 $R_X = 0$ 时，电路变成电压跟随器，即 $U_O = U_{REF}$，故表头电流为零，从而实现了自动调零。

二极管 D 起保护电表的作用。如果没有 D，当 R_X 超量程时，特别是当 $R_X \rightarrow \infty$ 时，运算放大器的输出电压将接近电源电压，使表头过载。有了 D 就可使输出钳位，防止表头过载。调整 R_2，可实现满量程调节。

五、电路设计

(1) 万用电表的电路是多种多样的，建议用参考电路设计一只较完整的万用电表。

(2) 用万用电表测量电压、电流或欧姆时和进行量程切换时应用开关切换，但实验时可用引接线切换。

六、注意事项

(1) 在连接电源时，正、负电源连接点上均接大容量的滤波电容器和 $0.01 \sim 0.1 \mu F$ 的小电容器，以消除电源产生的干扰。

(2) 万用电表的电性能测试要用标准电压、电流表校正，欧姆表用标准电阻校正。考虑到实验要求不高，建议用数字式 $4\frac{1}{2}$ 位万用电表作为标准表。

七、报告要求

(1) 画出完整的万用电表的设计电路原理图。

(2) 将万用电表与标准表作测试比较，计算万用电表各功能档的相对误差，分析误差产生的原因。

(3) 电路改进建议。

本 章 小 结

模拟电路是电子信息类专业的重要专业基础实验课程之一，具有"基础厚"、"专业活"、"适应性广"的特点。课程的研究对象是电子器件以及由电子器件构成的基本电路，具有较强的可操作性。学习模拟电路离不开电路设备的操作、测量与测试，必须坚持"理论与实践并重"的原则。实验课程不仅是要培养学生的实验技能，加深学生对基本理论知识的理解，还应该注重对学生的设计思路以及分析问题、解决问题的能力培养。本书中模拟电路实验部分共 21 个实验，包括单元电路验证实验、验证与设计相结合的实验和综合设计实验三部分。

1. 单元验证型实验

单元验证实验的目的在于让学生了解模拟电路课程中的单元电路的特点。各种复杂电路都是由单元电路组成的。对典型的单元进行验证实验，能使学生在完成该类实验的过程中学习有关的实验方法。例如，在验证单极放大电路特性的实验中学习如何测量、调试电路的静态工作点，如何测量放大电路的幅频特性，如何测量放大电路的输入输出电阻等。这是完成设计性、综合性实验的基础。在该部分实验过程中，应该要求学生进行课前预习，课上出现问题时应该引导学生自己去思考，甚至对基础较好、实践能力较强的学生可以要求其根据试验目的，自拟实验步骤。通过完成验证型实验，可以帮助学生建立用实践检验理论的好习惯，这对学生今后的发展也是十分有利的。

2. 验证设计型实验

完成了验证型的实验后，在此基础上增加一定的设计性内容，包括电路和实验方法、实验步骤的设计。这部分设计内容较为简单，可以在典型电路的基础上通过计算、改变参数、要求得到不同的输出。例如，完成文氏桥振荡器的相关测量后，要求设计一个振荡频率为 10kHz 的文氏桥振荡器，并测试其性能。这可以启发学生建立初步的设计思路，并进一步了解相关参数对电路性能的影响。

3. 综合设计型实验

设计型实验要求有一定的理论知识和实验技能，并能熟练使用相关的仪器、仪表。通过综合设计型实验，可以培养学生的知识和技术的运用能力。综合设计型实验要求学生掌握课程中各知识点的内在联系。在完成单元验证实验和验证设计实验后，进行综合设计型实验。由简到繁的综合设计过程可以使学生充分掌握设计工作的思路，通过实际制作掌握各部分电路之间的耦合、阻抗匹配等问题，通过实验学习如何调试整机电路。综合设计型实验可以有效地将一门或几门课程串联起来，培养学生的工程实践能力。

第**4**章

Multisim 电路仿真软件简介

Multisim 提供了全面集成化的设计环境，在设计环境中可以用来完成从原理图设计输入、数模混合仿真分析到电路功能测试等工作。当进行仿真时，波形图和原理图有效可见，也能改变电路连接或改变元件参数，可以清楚地观察到各种变化对电路性能的影响。

4.1　Multisim 基本操作

4.1.1　基本界面

Multisim 的基本界面如图 4.1 所示。

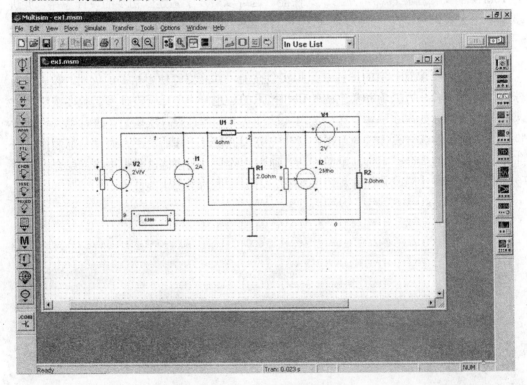

图 4.1　基本界面图

4.1.2　文件基本操作

文件基本操作包括 New(新建文件)、Open(打开文件)、Save(保存文件)、Save As(另存文件)、Print(打印文件)、Print Setup(打印设置)和 Exit(退出)等相关的文件操作。

4.1.3　元器件基本操作

常用的元器件编辑功能有：90 Clockwise(顺时针旋转 90°)、90 CounterCW(逆时针旋转 90°)、Flip Horizontal(水平翻转)、Flip Vertical(垂直翻转)、Component Properties(元件属性)等。这些操作命令可以在菜单栏中的 Edit 菜单下选择，也可以应用快捷键进行快捷操作。

4.1.4　文本基本编辑

文字注释方式有两种，即直接在电路工作区输入文字和在文本描述框中输入文字，两种操作方式有所不同。

1. 在电路工作区输入文字

选择 Place /Text 命令或按 Ctrl+T 组合键，然后单击需要输入文字的位置，输入需要的文字。用鼠标指向文字块并右击，在弹出的菜单中选择 Color 命令，选择需要的颜色。双击文字块，可以随时修改输入的文字。

2. 在文本描述框中输入文字

利用文本描述框输入文字不占用电路窗口，可以对电路的功能、实用说明等进行详细的说明，可以根据需要修改文字的大小和字体。选择 View/ Circuit Description Box 命令或按 Ctrl+D 键，打开电路文本描述框，在其中输入需要说明的文字，可以保存和打印输入的文本。

4.1.5　图纸标题栏编辑

选择 Place/Title Block 命令，在打开的对话框的查找范围处指向 Multisim/Titleblocks 目录，在该目录下选择一个图纸标题栏为*.tb7 的文件，并将其放在电路工作区。用鼠标指向文字块并右击，在弹出的菜单中选择 Properties 命令。图纸标题栏如图 4.2 所示。

National Instruments 801-111 Peter Street Toronto, ON M5V 2H1 (416) 977-5550		NATIONAL INSTRUMENTS ELECTRONICS WORKBENCH GROUP	
Title:	Desc.: circuit		
Designed by:　理工	Document No: 0001	Revision: 1.0	
Checked by:	Date: 2009-01-03	Size:　　A	
Approved by:	Sheet　1　of　1		

图 4.2　图纸标题栏

4.1.6　Multisim 电路创建

1. 元器件

(1) 选择元器件。在元器件栏中单击要选择的元器件库图标，打开该元器件库。在屏幕出现的元器件库对话框中选择所需的元器件，常用元器件库有 13 个：信号源库、基本元件库、二极管库、晶体管库、模拟器件库、TTL 数字集成电路库、CMOS 数字集成电路库、其他数字器件库、混合器件库、指示器件库、其他器件库、射频器件库、机电器件库等。

(2) 选中元器件。单击元器件，可选中该元器件。

(3) 元器件操作。选中元器件并右击，在菜单中出现如图 4.3 所示的操作命令。

图 4.3　元器件操作菜单

2. 电路图

选择 Options 菜单中的 Sheet Properties 命令，出现如图 4.4 所示的对话框，每个选项卡下又有各自不同的内容，用于设置与电路显示方式相关的选项。

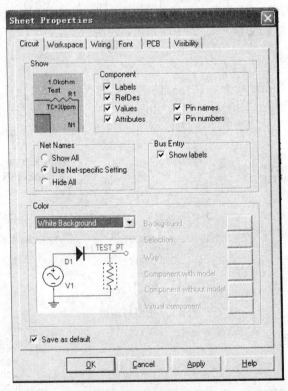

图 4.4　电路选项操作菜单

4.1.7　Multisim 操作界面

1．Multisim 菜单栏

11 个菜单包括了该软件的所有操作命令，如图 4.5 所示，从左至右依次为：File(文件)、Edit(编辑)、View(窗口)、Place(放置)、Simulate(仿真)、Transfer(文件输出)、Tools(工具)、Reports(报告)、Options(选项)、Window(窗口)和 Help(帮助)。

图 4.5　Multisim 菜单栏

1)　File(文件)菜单
File 菜单中的命令及其功能说明如图 4.6 所示。
2)　Edit(编辑)菜单
Edit 菜单中的命令及其功能说明如图 4.7 所示。

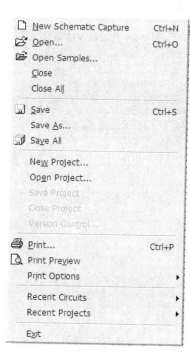

图 4.6　File 菜单命令

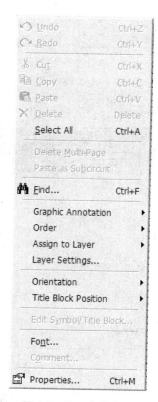

图 4.7　Edit 菜单命令

3) View(窗口)菜单
View 菜单中的命令及其功能说明如图 4.8 所示。
4) Place(放置)菜单
Place 菜单中的命令及其功能说明如图 4.9 所示。

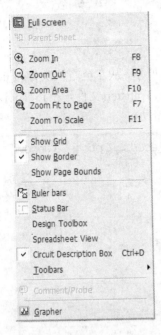

图 4.8　View 菜单命令

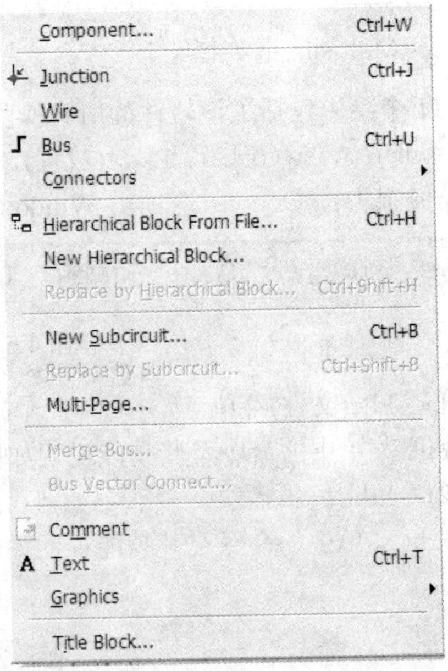

图 4.9　Place 菜单命令

5) Simulate(仿真)菜单

Simulate 菜单中的命令及其功能说明如图 4.10 所示。

图 4.10　Simulate 菜单命令

6) Transfer(文件输出)菜单

Transfer 菜单中的命令及其功能说明如图 4.11 所示。

7) Tools(工具)菜单

Tools 菜单中的命令及其功能说明如图 4.12 所示。

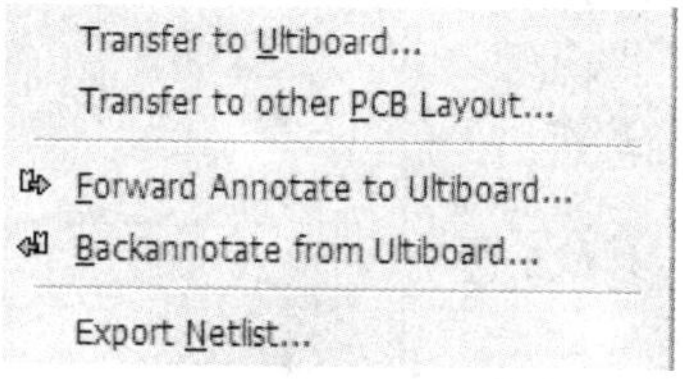

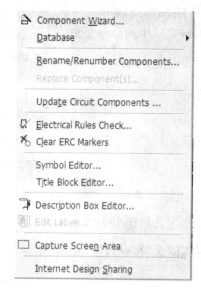

图 4.12　Tools 菜单命令

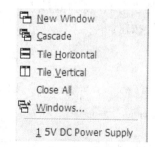

图 4.11　Transfer 菜单命令

8) Reports(报告)菜单

Reports 菜单中的命令及其功能说明如图 4.13 所示。

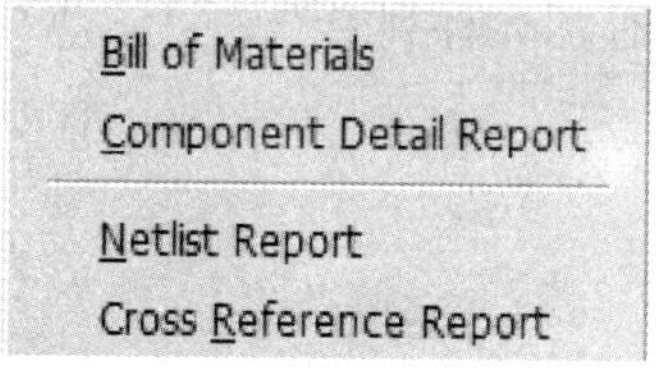

命　令	功　能
Bill of Materials	电路图使用器件报告
Component Detail Report	元器件详细参数报告
Netlist Report	电路图网络连接报告
Cross Reference Report	产生主电路所有元器件详细列表

图 4.13　Reports 菜单命令

9) Options(选项)菜单

Options 菜单中的命令及其功能说明如图 4.14 所示。

10) Window(窗口)菜单

Window 菜单中的命令及其功能说明如图 4.15 所示。

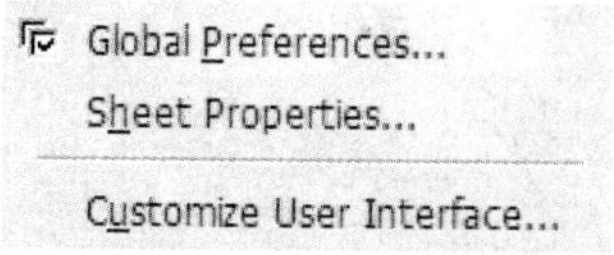

图 4.14　Options 菜单命令

图 4.15　Window 菜单命令

11) Help(帮助)菜单

Help 菜单中的命令及其功能说明如图 4.16 所示。

图 4.16　Help 菜单命令

2. 标准工具栏

标准工具栏如图 4.17 所示。

图 4.17　标准工具栏

该工具栏包含了有关电路窗口基本操作的按钮，从左向右依次是"新建"、"打开"、"保存"、"剪切"、"复制"、"粘贴"、"打印"、"放大"、"缩小"、"100%放大"、"全屏显示"、"项目栏"、"电路元件属性视窗"、"数据库管理"、"创建元件"、"仿真启动"、"图表"、"分析"、"后处理"、"使用元件列表"和"帮助"按钮。

3. 仿真开关

仿真开关如图 4.18 所示，主要用于仿真过程的控制。

图 4.18　仿真开关

4. 图形注释工具栏

图形注释工具栏如图 4.19 所示。该工具栏主要用于在电路窗口中放置各种图形，从左向右依次是"文本"、"直线"、"折线"、"矩形"、"椭圆"、"圆弧"、"多边形"和"图片"按钮。

图 4.19　图形注释工具栏

5. 项目栏

项目栏如图 4.20 所示。利用项目栏可以把有关电路设计的原理图、PCB 版图、相关文件、电路的各种统计报告分类管理，还可以观察分层电路的层次结构。

test
Schematic
PCB
Documents
Reports
Proj...
Hier...

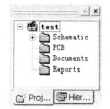

图 4.20　项目栏

4.2　Multisim 元件库

元件工具栏如图 4.21 所示，从左向右依次是电源库(Source)、基本元件库(Basic)、二极管库(Diode)、晶体管库(Transistor)、模拟元件库(Analog)、TTL 元件库(TTL)、CMOS 元件库(CMOS)、数字元件库(Miscellaneous Digital)、混合元件库(Mixed)、指示元件库(Indicator)、其他元件库(Miscellaneous)、射频元件库(RF)、机电类元件库(Electromechanical)等。还有其他的一些工具栏，如图 4.22 所示。

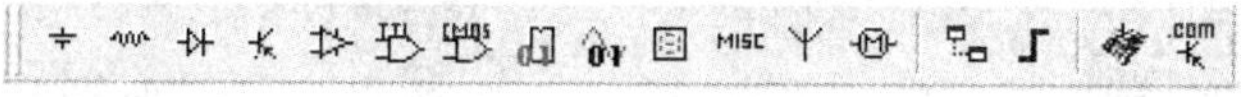

图 4.21　元件工具栏

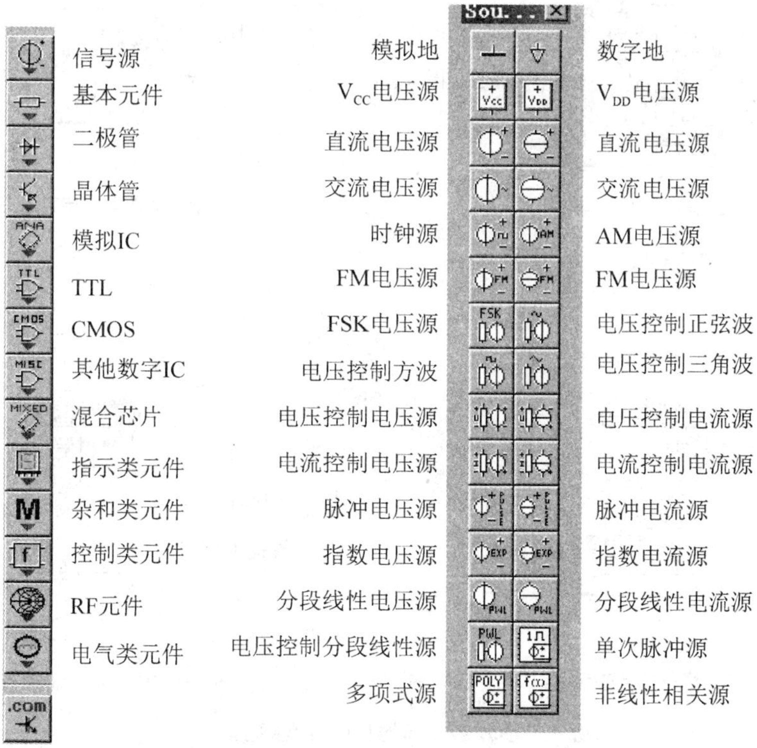
信号源
基本元件
二极管
晶体管
模拟IC
TTL
CMOS
其他数字IC
混合芯片
指示类元件
杂和类元件
控制类元件
RF元件
电气类元件
Sou...
模拟地
数字地
VCC电压源
VDD电压源
直流电压源
直流电压源
交流电压源
交流电压源
时钟源
AM电压源
FM电压源
FM电压源
FSK电压源
电压控制正弦波
电压控制方波
电压控制三角波
电压控制电压源
电压控制电流源
电流控制电压源
电流控制电流源
脉冲电压源
脉冲电流源
指数电压源
指数电流源
分段线性电压源
分段线性电流源
电压控制分段线性源
单次脉冲源
多项式源
非线性相关源

(a)信号源工具栏

图 4.22　元器件库分类图

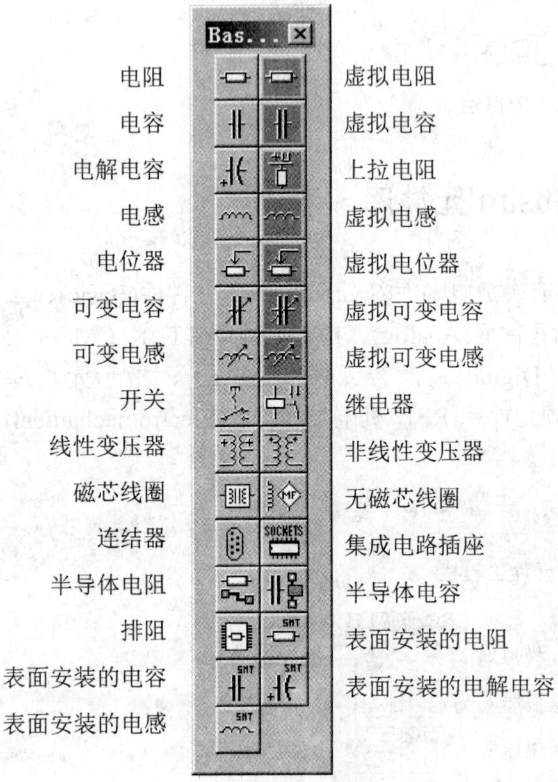

电阻			虚拟电阻	普通二极管			普通虚拟二极管
电容			虚拟电容	PIN二极管			稳压二极管
电解电容			上拉电阻	发光二极管			二极管桥
电感			虚拟电感	肖特基二极管			单向可控硅
电位器			虚拟电位器	双向触发二极管			双向可控硅
可变电容			虚拟可变电容	变容二极管			
可变电感			虚拟可变电感				

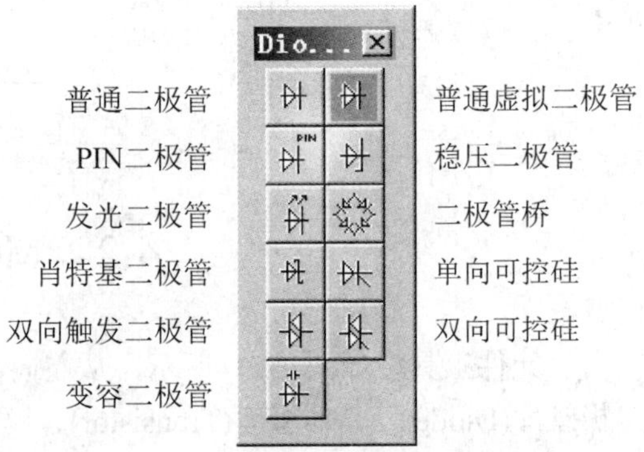

二极管工具栏

开关			继电器
线性变压器			非线性变压器
磁芯线圈			无磁芯线圈
连结器			集成电路插座
半导体电阻			半导体电容
排阻			表面安装的电阻
表面安装的电容			表面安装的电解电容
表面安装的电感			

运算放大器			虚拟三端运放
电流差分运放			虚拟五端运放
宽带放大器			虚拟七端运放
比较器			虚拟比较器
特殊功能模块			

(b)基本元件工具栏 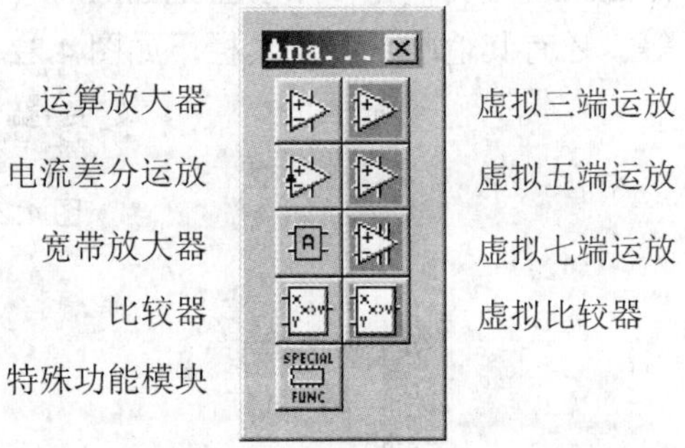 　　　　(c)模拟集成电路工具栏

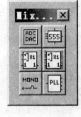

ADC/DAC			555定时器
模拟开关			虚拟模拟开关
单稳态电路			锁相环

(d)混合芯片工具栏

电压表表头			电流表表头
电压探测器			灯泡
条式指示器			七段显示器
蜂鸣器			

(e)指示类元件工具栏

图 4.22　元器件库分类图(续)

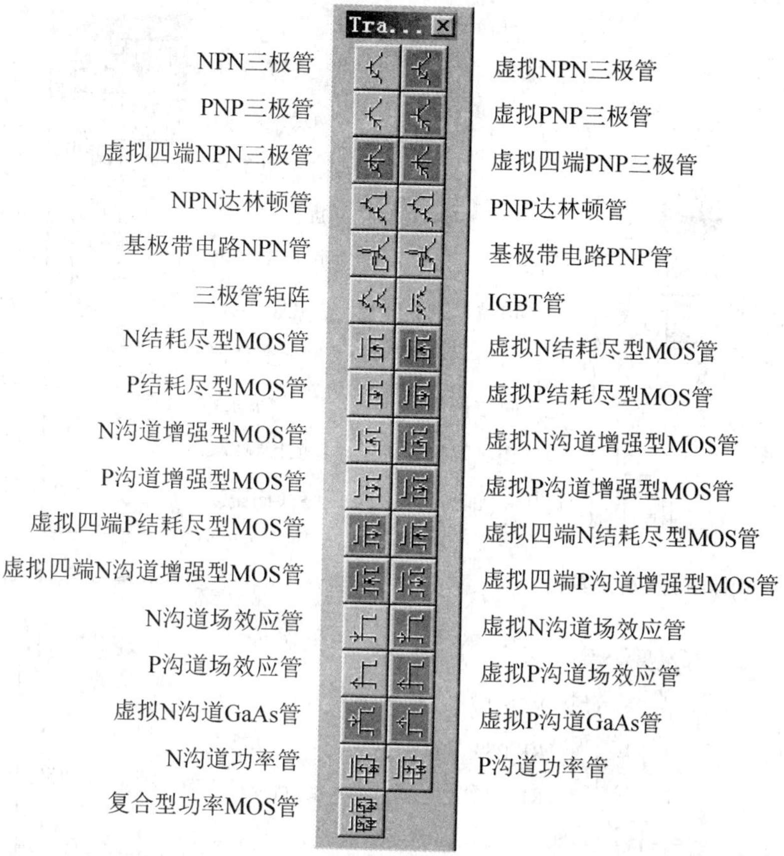

NPN三极管　　　　　　　　　　虚拟NPN三极管

PNP三极管　　　　　　　　　　虚拟PNP三极管

虚拟四端NPN三极管　　　　　　虚拟四端PNP三极管

NPN达林顿管　　　　　　　　　PNP达林顿管

基极带电路NPN管　　　　　　　基极带电路PNP管

三极管矩阵　　　　　　　　　　IGBT管

N结耗尽型MOS管　　　　　　　虚拟N结耗尽型MOS管

P结耗尽型MOS管　　　　　　　虚拟P结耗尽型MOS管

N沟道增强型MOS管　　　　　　虚拟N沟道增强型MOS管

P沟道增强型MOS管　　　　　　虚拟P沟道增强型MOS管

虚拟四端P结耗尽型MOS管　　　虚拟四端N结耗尽型MOS管

虚拟四端N沟道增强型MOS管　　虚拟四端P沟道增强型MOS管

N沟道场效应管　　　　　　　　虚拟N沟道场效应管

P沟道场效应管　　　　　　　　虚拟P沟道场效应管

虚拟N沟道GaAs管　　　　　　　虚拟P沟道GaAs管

N沟道功率管　　　　　　　　　P沟道功率管

复合型功率MOS管

(f)晶体管工具栏

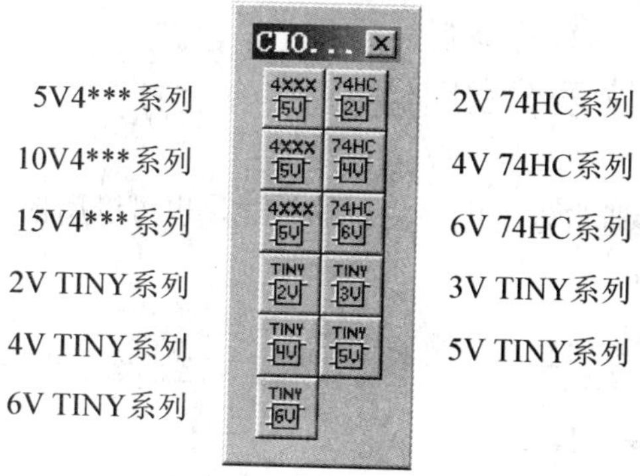

5V4***系列　　　　　　2V 74HC系列

10V4***系列　　　　　4V 74HC系列　　　　　　　　　TIL　　　　　　　存储器

15V4***系列　　　　　6V 74HC系列　　　　　　　　VHDL　　　　　　Verilog HDL

2V TINY系列　　　　　3V TINY系列　　　　　　　　线性驱动器　　　　线性接收器

4V TINY系列　　　　　5V TINY系列　　　　　　　　线性接发器

6V TINY系列

(g)CMOS 集成电路工具栏 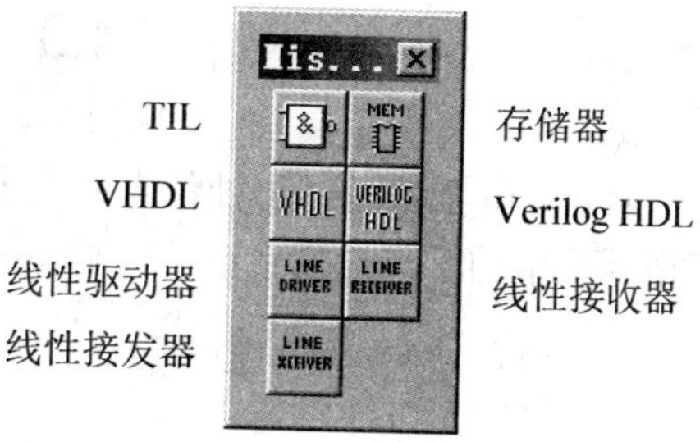　　　　　　　**(h)数字集成电路工具栏**

图 4.22　元器件库分类图(续)

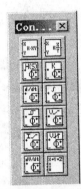

乘法器　　　　　　　　除法器
传输函数模块　　　　　电压增益模块
微分器　　　　　　　　积分器
电压滞回模块　　　　　电压限幅模块
电流限幅模块　　　　　电压控制限幅模块
电压变化率模块　　　　电压相加器

(i)控制类元件工具栏

石英晶体　　　　　　　虚拟石英晶体
光电耦合器　　　　　　虚拟光电耦合器
电子管　　　　　　　　虚拟真空管
虚拟保险丝　　　　　　集成稳压电路
电压抑制器　　　　　　参考电压电源
直流电机　　　　　　　降压变换器
升压变换器　　　　　　升降压变换器
熔断丝　　　　　　　　无损传输线2
有损传输线1　　　　　有损传输线
网络（插座）

(j)杂合类元件工具栏

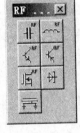

RF电容　　　　　　　　RF电感
RF NPN三极管　　　　　RF PNP三极管．
RF场效应管　　　　　　RF二极管
微带线

(k)RF 元件工具栏

敏感开关　　　　　　　瞬间开关
联动开关　　　　　　　定时开关
线圈及继电器　　　　　线性变压器
保护器件　　　　　　　输出器件

(l)电气类元件工具栏

图 4.22　元器件库分类图(续)

4.3　虚拟仪表介绍

Multisim 提供了 18 种仪表，仪表工具栏通常位于电路窗口的右边，也可以用鼠标将其拖至菜单的下方，呈水平状，如图 4.23 所示。

图 4.23　仪表工具栏

仪表工具栏从左向右依次是数字万用表(Multimeter)、函数信号发生器(Function Generation)、瓦特表(Wattmeter)、双踪示波器(Oscilloscope)、四通道示波器(4 Channel Oscilloscope)、波特图仪(Bode Plotter)、频率计数器(Frequency Counter)、字信号发生器(Word Generator)、逻辑分析仪(Logic Analyzer)、逻辑转换器(Logic Converter)、IV 分析仪(IV-Analysis)、失真分析仪(Distortion Analyzer)、频谱分析仪(Spectrum Analyzer)、网络分

析仪(Network Analyzer)、安捷伦函数信号发生器(Agilent Function Generation)、安捷伦数字万用表(Agilent Multimeter)、安捷伦示波器(Agilent Oscilloscope)和动态测量探针(Dynamic Measurement Probe)。

1. 数字万用表

Multisim 提供的数字万用表(Multimeter)的外观和操作方法与实际的万用表相似,可以测电流(A)、电压(V)、电阻(Ω)和分贝值(dB),测直流或交流信号。万用表有正极和负极两个引线端。数字万用表的图标和面板如图 4.24 所示。

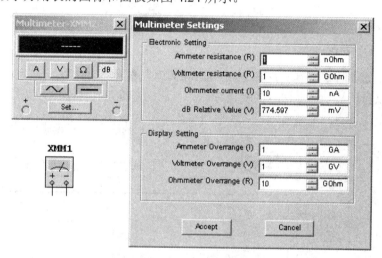

图 4.24　数字万用表界面图

2. 函数发生器

Multisim 提供的函数发生器(Function Generator)可以产生正弦波、三角波和矩形波,信号频率可在 1Hz~999MHz 范围内调整,信号的幅值以及占空比等参数也可以根据实际电路的需要进行调节。它有 3 个引线端口:负极、正极和公共端。函数发生器的图标和面板如图 4.25 所示。

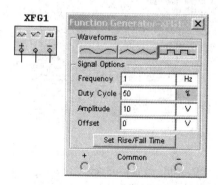

图 4.25　函数发生器界面图

3. 瓦特表

Multisim 提供的瓦特表(Wattmeter)用来测量电路的交流或者直流功率,它有 4 个引线端口：电压正极和负极、电流正极和负极。瓦特表的图标和面板如图 4.26 所示。

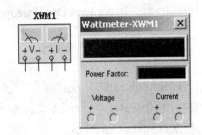

图 4.26 瓦特表界面图

4. 双通道示波器

Multisim 提供的双通道示波器(Oscilloscope)，其功能和操作方法与实际的示波器类似，该示波器可以分析被测周期信号的幅值和频率，时间基准可在秒至纳秒范围内调节。示波器图标有 4 个连接点：A 通道输入、B 通道输入、外触发端 T 和接地端 G。其图标和面板如图 4.27 所示。

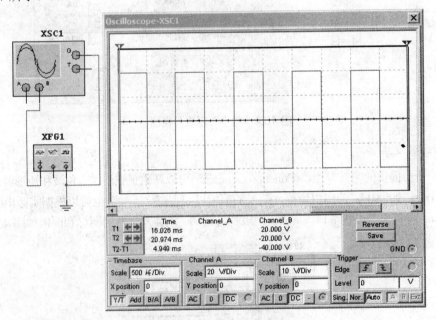

图 4.27 双通道示波器界面图

示波器的控制面板分为以下 4 个部分。

1) Time base(时间基准)

Scale(量程)：设置显示波形时的 X 轴时间基准。

X position(X 轴位置)：设置 X 轴的起始位置。

显示方式设置有 4 种：Y/T 方式指 X 轴显示时间，Y 轴显示电压值；Add 方式指 X 轴显示时间，Y 轴显示 A 通道和 B 通道的电压之和；A/B 或 B/A 方式指 X 轴和 Y 轴都显示电压值。

2)Channel A(通道 A)

Scale(量程)：设置通道 A 的 Y 轴电压刻度。

Y position(Y 轴位置)：设置 Y 轴的起始点位置，起始点为 0 表明 Y 轴和 X 轴重合，起始点为正值表明 Y 轴原点位置向上移，否则向下移。

触发耦合方式：AC(交流耦合)、0(0 耦合)或 DC(直流耦合)。交流耦合只显示交流分量，直流耦合显示直流和交流之和，0 耦合在 Y 轴设置的原点处显示一条直线。

3) Channel B(通道 B)

通道 B 的 Y 轴量程、起始点、耦合方式等内容的设置与通道 A 相同。

4) Tigger(触发)

触发方式主要用来设置 X 轴的触发信号、触发电平及边沿等。

Edge(边沿)：设置被测信号开始的边沿，设置先显示上升沿或下降沿。

Level(电平)：设置触发信号的电平，使触发信号在某一电平时启动扫描。

触发信号选择：Auto(自动)、通道 A 和通道 B 表明用相应的通道信号作为触发信号；Ext 为外触发；Sing 为单脉冲触发；Nor 为一般脉冲触发。

5. 四通道示波器

四通道示波器(4 Channel Oscilloscope)与双通道示波器的使用方法和参数调整方式完全一样，只是多了一个通道控制器旋钮　　　当旋钮旋到某个通道位置时，才能对该通道的 Y 轴进行调整。其图标和面板如图 4.28 所示。

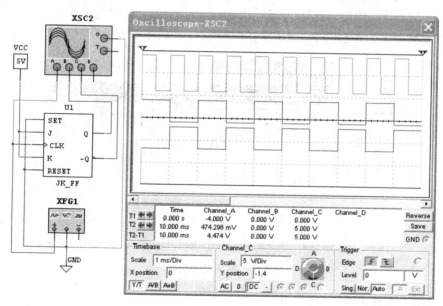

图 4.28　四通道示波器界面图

6. 波特图仪

利用波特图仪(Bode Plotter)是用来测量和显示一个电路、系统或放大器频率特性的一种仪器。它需要连接两路信号，一路是电路输入信号，另一路是电路输出信号，需要在电路的输入端接交流信号。 波特图仪控制面板分为 Magnitude(幅值)或 Phase(相位)的选择、Horizontal(横轴)设置、Vertical(纵轴)设置、显示方式的其他控制信号，面板中的 F 指的是终值，I 指的是初值。在波特图仪的面板上，可以直接设置横轴和纵轴的坐标及其参数，如图 4.29 所示。

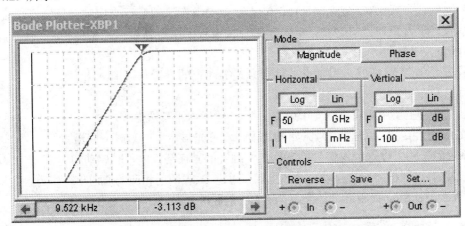

图 4.29　波特图仪界面图

7. 频率计

频率计(Frequency couter)主要用来测量信号的频率、周期、相位、脉冲信号的上升沿和下降沿，频率计的图标、面板以及使用如图 4.30 所示。使用过程中应注意根据输入信号的幅值调整频率计的 Sensitivity(灵敏度)和 Trigger Level(触发电平)。

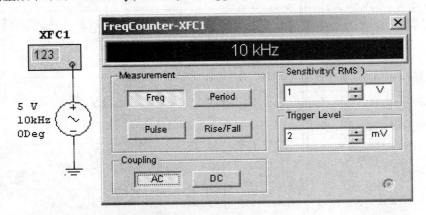

图 4.30　频率计界面图

8. 字信号发生器

字信号发生器(Word Generator)是一个通用的数字激励源编辑器，能产生 32 位的字符串，可以用来对数字逻辑电路进行测试。如图 4.31 所示，左侧是控制面板，右侧是字信号发生器的字符窗口。控制面板分为 Controls(控制方式)、Display(显示方式)、Trigger(触发)、Frequency(频率)等几个部分。

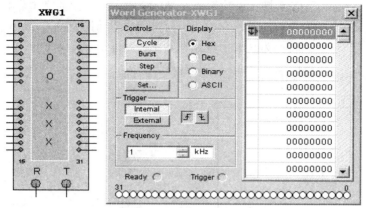

图 4.31　字信号发生器界面图

9. 逻辑分析仪

如图 4.32 所示，逻辑分析仪(Logic Analyzer)面板分上下两个部分，上半部分是显示窗口，下半部分是逻辑分析仪的控制窗口，控制信号有：Stop(停止)、Reset(复位)、Reverse(反相显示)、Clock(时钟)设置和 Trigger(触发)设置。可以同步记录和显示 16 路逻辑信号。逻辑分析仪的图标如图 4.32 所示。逻辑分析仪的连接端口有：16 路信号输入端、外接时钟端 C、时钟限制 Q 以及触发限制 T。

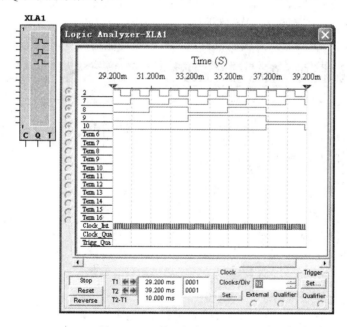

图 4.32　逻辑分析仪界面图

10. 逻辑转换器

Multisim 提供了一种虚拟仪器——逻辑转换器(Logic Converter)。实际中没有这种仪器，逻辑转换器可以在逻辑电路、真值表和逻辑表达式之间进行转换。它有 8 路信号输入端、1 路信号输出端。它的 6 种转换功能依次是：逻辑电路转换为真值表、真值表转换为逻辑表达式、真值表转换为最简逻辑表达式、逻辑表达式转换为真值表、逻辑表达式转换为逻辑电路、逻辑表达式转换为与非门电路。其图标和面板如图 4.33 所示。

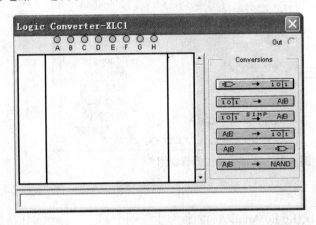

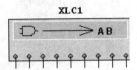

图 4.33　逻辑转换器界面图

11. IV 分析仪

IV 分析仪(IV-Analyzer)专门用来分析晶体管的伏安特性曲线，如二极管、NPN 管、PNP 管、NMOS 管、PMOS 管等器件。IV 分析仪相当于实验室的晶体管图示仪，使用时需要将晶体管与连接电路完全断开。IV 分析仪有 3 个连接点实现与晶体管的连接。IV 分析仪面板(图 4.34)左侧是伏安特性曲线显示窗口，右侧是功能选择区。

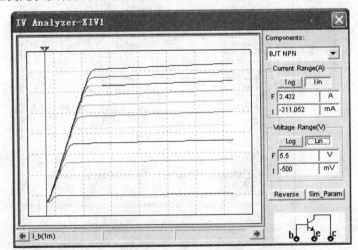

图 4.34　IV 分析仪界面图

12. 失真分析仪

失真分析仪(Distortion Analyzer)用来测量电路的信号失真度，失真分析仪提供的频率范围为 20Hz～100kHz，其图标和面板如图 4.35(a)所示。

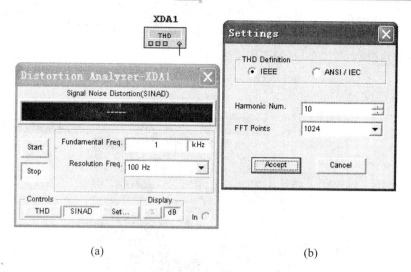

(a)　　　　　　　　　　　　　　(b)

图 4.35　失真分析仪界面图

面板最上方给出测量失真度的提示信息和测量值。在 Fundamental Freq(分析频率)文本框中可以设置分析频率值；选择分析 THD(总谐波失真)或 SINAD(信噪比)，单击 Set 按钮，打开如图 4.35(b)所示的设置窗口，由于 THD 的定义有所不同，可以设置 THD 的分析选项。

13.　频谱分析仪

频谱分析仪(Spectrum Analyzer)用来分析信号的频域特性，其频域分析范围的上限为 4GHz。其面板如图 4.36 所示。

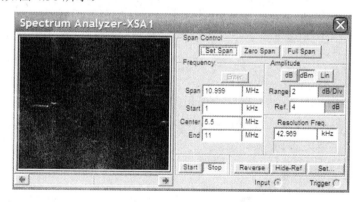

图 4.36　频谱分析仪界面图

Span Control 用来控制频率范围，选择 Set Span 的频率范围由 Frequency 区域决定；选择 Zero Span 的频率范围由 Frequency 区域设定的中心频率决定；选择 Full Span 的频率范围为 1kHz～4GHz。Frequency 用来设定频率：Span 设定频率范围、Start 设定起始频率、Center 设定中心频率、End 设定终止频率。Amplitude 用来设定幅值单位，有 3 种选择：dB、dBm、Lin。其中，dB = 10lg10V；dBm = 20lg10(V/0.775)；Lin 为线性表示。Resolution Freq 用来设定频率分辨的最小谱线间隔，简称频率分辨率。

14. 网络分析仪

网络分析仪(Network Analyzer)主要用来测量双端口网络的特性，如衰减器、放大器、混频器、功率分配器等。Multisim 提供的网络分析仪可以测量电路的 S 参数、并计算出 H、Y、Z 参数。其图标和面板如图 4.37 所示。

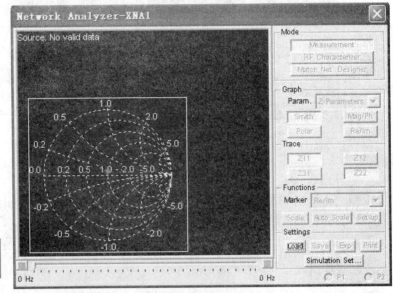

图 4.37　网络分析仪界面图

Mode 提供分析模式：Measurement 为测量模式；RF Characterizer 为射频特性分析；Match Net Designer 为电路设计模式。Graph 用来选择要分析的参数及模式，可选择的参数有 S 参数、H 参数、Y 参数、Z 参数等。模式选择有 Smith(史密斯模式)、Mag/Ph(增益/相位频率响应，波特图)、Polar(极化图)、Re/Im(实部/虚部)。Trace 用来选择需要显示的参数。　Marker 用来提供数据显示窗口的 3 种显示模式：Re/Im 为直角坐标模式；Mag/Ph(Degs)为极坐标模式；dB Mag/Ph(Deg) 为分贝极坐标模式。Settings 用来提供数据管理：Load 为读取专用格式数据文件；Save 为存储专用格式数据文件；Exp 为输出数据至文本文件；Print 为打印数据。Simulation Set 按钮用来设置不同分析模式下的参数。

15. 仿真 Agilent 仪器

仿真 Agilent 仪器有 3 种：Agilent 信号发生器、Agilent 万用表、Agilent 示波器。这 3 种仪器与真实仪器的面板的按钮、旋钮操作方式完全相同，使用起来更加真实。

1)Agilent 信号发生器

Agilent 信号发生器的型号是 33120A，其图标和面板如图 4.38 所示，这是一个高性能 15 MHz 的综合信号发生器。Agilent 信号发生器有两个连接端，上方是信号输出端，下方是接地端。单击最左侧的电源按钮，即可按照要求输出信号。

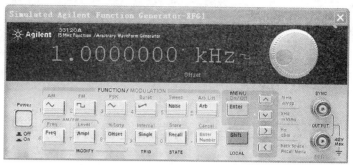

图 4.38　Agilent 信号发生器界面图

2)Agilent 万用表

Agilent 万用表的型号是 34401A，其图标和面板如图 4.39 所示，这是一个高性能 6 位半的数字万用表。Agilent 万用表有 5 个连接端，应按照面板的提示信息进行连接。单击最左侧的电源按钮即可使用万用表，实现对各种电类参数的测量。

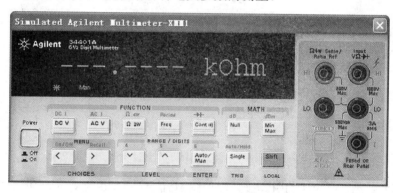

图 4.39　Agilent 万用表界面图

3)Agilent 示波器

Agilent 示波器的型号是 54622D，其图标和面板如图 4.40 所示，这是一个 2 模拟通道、16 个逻辑通道、100MHz 的宽带示波器。Agilent 示波器下方的 18 个连接端是信号输入端，右侧是外接触发信号端、接地端。单击电源按钮即可使用示波器，实现各种波形的测量。

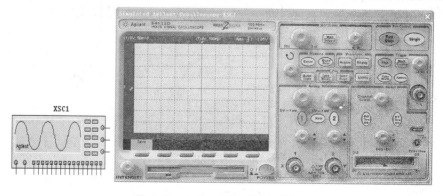

图 4.40　Agilent 示波器界面图

附　录

实验一　门电路逻辑功能测试

一、实验目的

1. 熟悉门电路的逻辑功能。
2. 熟悉常用集成门电路的引脚排列及其使用。

二、实验设备和器件

1. 直流稳压电源、信号源、示波器、万用表、面包板
2. 74LS00　四 2 输入与非门

　　74LS04　六反相器

　　74LS86　四 2 输入异或门

三、实验内容

1. 非门逻辑功能

(1) 熟悉 74 LS04 的引脚排列，如图 1(a)所示，其内部有 6 个非门。

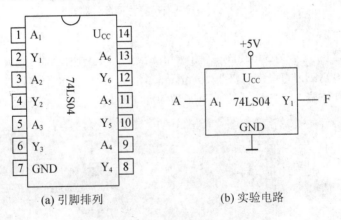

(a) 引脚排列　　　　　　　　(b) 实验电路

图 1　74 LS04 引脚图与实验电路

(2) 取其中的一个非门按图 1(b)所示接好电路。

(3) 分别将输入端 A 接低电平和高电平，测试输出端 F 电压，并转换成逻辑状态填入表 1。

表 1　非门逻辑功能

输入	输出	
A	F 电压(V)	F
0		
1		

2. 与非门逻辑功能

(1) 熟悉 74 LS00 的引脚排列，如图 2(a)所示，其内部有 4 个 2 输入端与非门。

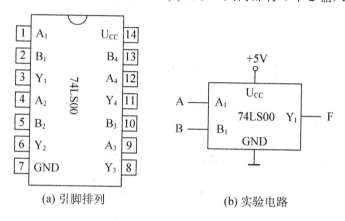

(a) 引脚排列　　　　　　(b) 实验电路

图 2　74 LS00 引脚图与实验电路

(2) 取其中的一个与非门按图 2(b)所示接好电路。

(3) 分别将输入端 A、B 接低电平和高电平，测试输出端 F 电压，并转换成逻辑状态填入表 2。

表 2　与非门逻辑功能

输入		输出	
A	B	F 电压(V)	F
0	0		
0	1		
1	0		
1	1		

3. 异或门逻辑功能

(1) 熟悉 74 LS86 的引脚排列，如图 3(a)所示，其内部有 4 个 2 输入端异或门。

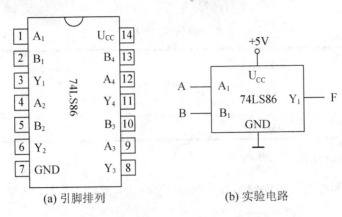

(a) 引脚排列　　　　(b) 实验电路

图3　74 LS86 引脚图与实验电路

(2) 取其中的一个异或门按图 3(b)所示接好电路。

(3) 分别将输入端 A、B 接低电平和高电平，测试输出端 F 电压，并转换成逻辑状态填入表3。

表3　异或门逻辑功能

输入		输出	
A	B	F 电压(V)	F
0	0		
0	1		
1	0		
1	1		

4. 与或非门逻辑功能

(1) 利用与非门和反相器可以构成与或非门，其原理图如图 4 所示。

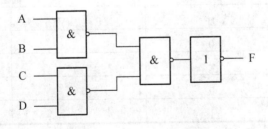

图4　与或非门原理图

(2) 按照原理图，将 74 LS00 和 74 LS04 接成与或非门。

(3) 当输入端为表 4 中各组合时，测试输出端 F 的结果并填入表4。

表 4　与或非门逻辑功能

输入				输出	
A	B	C	D	F 电压(V)	F
0	0	0	0		
0	0	0	1		
0	0	1	1		
0	1	0	1		
0	1	1	1		
1	1	1	1		

5．与非门对输出的控制

(1) 任取 74 LS00 中的一个与非门，按图 5 所示接好电路。输入端 A 接一连续脉冲，输入端 B 分别接高电平和低电平。

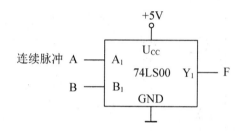

图 5　与非门对输出的控制

(2) 观察两种情况下的输入、输出波形，并将结果用文字总结表述。

四、实验报告

1．根据表格记录测试数据。
2．写出各门电路的逻辑表达式，与测试数据相验证并整理实验结果。

五、思考题

1．查阅数据手册，几种 TTL 集成门电路的 U_{OH} 和 U_{OL} 的典型值是多少？
2．如何判断门电路的逻辑功能是否正常？
3．与非门如何实现对输出的控制作用？

实验二　组合逻辑电路

一、实验目的

1．掌握组合逻辑电路的一般分析方法。
2．熟悉组合逻辑电路的设计方法。

二、实验设备和器件

1. 直流稳压电源、万用表、面包板
2. 74LS00　四 2 输入与非门　　　74LS86　四 2 输入异或门
   74LS04　六反相器　　　　　　　74LS32　四 2 输入或门
   74LS08　四 2 输入与门
3. 1kΩ 电阻、发光二极管

三、实验内容

1. 组合逻辑电路功能测试

(1) 利用 74LS00、74LS04、74LS32 组成图 1(a)所示电路，输出端接 LED 以便于观察。74LS32 引脚排列如图 1(b)所示，内部有 4 个 2 输入端或门。

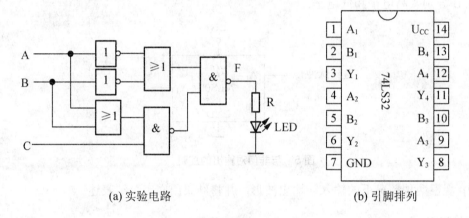

(a) 实验电路　　　　　　　　　　(b) 引脚排列

图 1　组合逻辑电路功能测试

(2) 分别将输入端 A、B、C 按表 1 所示组合接高、低电平，观察输出端状态，将测试结果填入表 1。

表 1　组合逻辑电路功能测试表

输入			输出
A	B	C	F
0	0	0	
0	0	1	
0	1	0	
0	1	1	
1	0	0	
1	0	1	
1	1	0	
1	1	1	

(3) 写出 F 的逻辑表达式，将运算结果与测试数据相比较。

2. 半加器逻辑功能测试

(1) 利用 74LS08、74LS86 组成如图 2(a)所示半加器。74LS08 引脚排列如图 2(b)所示，内部有 4 个 2 输入端与门。

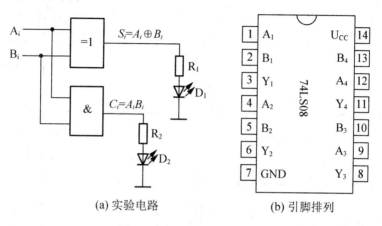

(a) 实验电路　　　　　　(b) 引脚排列

图 2　半加器逻辑功能测试

(2) 按表 2 要求改变输入端状态，观察输出端变化，将测试结果填入表 2。

表 2　半加器逻辑功能测试表

输入		输出	
A_i	B_i	S_i	C_i
0	0		
0	1		
1	0		
1	1		

3. 全加器辑功能测试

(1) 全加器原理图如图 3 所示，利用 74LS08、74LS86、74LS32 组成全加器。

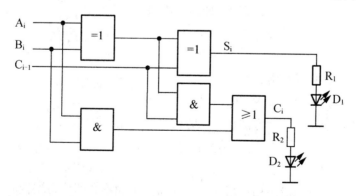

图 3　全加器逻辑功能测试

(2) 按表 3 要求改变输入端状态，观察输出端变化，将测试结果填入表 3。

表 3　全加器逻辑功能测试表

输入			输出	
A_i	B_i	C_{i-1}	S_i	C_i
0	0	0		
0	0	1		
0	1	0		
0	1	1		
1	0	0		
1	0	1		
1	1	0		
1	1	1		

4. 设计一个四位奇偶校验器，当 A、B、C、D 四位数中有奇数个 1 时输出 F 为 0，否则输出为 1。

(1) 根据电路要求，列出真值表。

(2) 写出逻辑表达式。

(3) 化简并利用已有集成门电路组成实验电路进行验证。参考电路如图 4 所示。

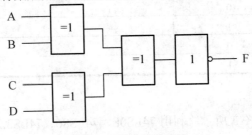

图 4　四位奇偶校验器

四、实验报告

1. 根据表格记录测试数据。

2. 整理实验数据和图表，对实验结果进行分析讨论。

3. 对组合逻辑电路的分析方法和设计方法进行总结。

五、思考题

1. 是否可以采用其他逻辑门电路实现半加器、全加器和四位奇偶校验器？

2. 在进行组合逻辑电路设计时如何选择实现方案？

实验三 计 数 器

一、实验目的

1. 熟悉集成计数器的逻辑功能。
2. 掌握计数器控制端的作用及其应用。

二、实验设备和器件

1. 直流稳压电源、信号源、示波器、万用表、面包板
2. 74LS190　十进制同步加/减计数器　74LS393　双四位二进制同步加法计数器
   74LS04　六反相器
3. 1kΩ电阻、发光二极管

三、实验内容

1. 集成计数器的功能测试

(1) 74LS393 内部有两个独立的四位二进制同步加法计数器,1CP、2CP 为时钟输入端,下降沿有效;$1Q_3 \sim 1Q_0$、$2Q_3 \sim 2Q_0$ 为输出端;$1R_D$、$2R_D$ 为异步清零端,高电平有效。按照图 1 所示电路接线。

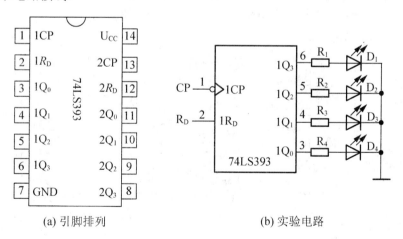

(a) 引脚排列　　　　　　　　(b) 实验电路

图 1　74LS393 功能测试

(2) $R_D = 1$,CP 接连续脉冲,观察输出端状态;$R_D = 0$,观察输出端状态,将结果填入表 1。

表1　74LS393 功能测试表

R_D	CP	Q_3	Q_2	Q_1	Q_0
1	×				
0	0				
0	1				
0	2				
0	3				
0	4				
0	5				
0	6				
0	7				
0	8				
0	9				
0	10				
0	11				
0	12				
0	13				
0	14				
0	15				

(3) 74LS190 是十进制同步加法和减法计数器，CP 是时钟输入端(上升沿有效)；$\overline{S}$ 为使能端；$\overline{LD}$ 是预置数端；$D_3 \sim D_0$ 是数据输入端；$Q_3 \sim Q_0$ 是输出端；$D/\overline{U}$ 是减/加计数器控制端；CO/BO 是进位/借位标志端，当 74LS190 做加法计数器计到最大数或者做减法计数器计到最小数时此标志端输出高电平。按照图 2 所示电路接线。

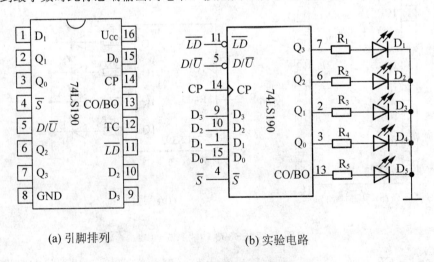

(a) 引脚排列　　　　　(b) 实验电路

图2　74LS190 电路接线图

(4) CP 接连续脉冲，按表2改变各控制端状态，观察输出端状态变化，并将结果填入表2。

表2　74LS190功能测试表

$\overline{S}$	$\overline{LD}$	$D/\overline{U}$	CP	$D_0D_1D_2D_3$	功能
0	0	×	×	0000	
0	1	0	↑	××××	
0	1	1	↑	××××	

(5) 画出十进制加法计数的时序波形图。

2. 任意进制计数器的设计

(1) 用置数法将74LS190连成七进制计数器，按图3所示电路接线。

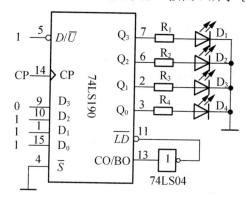

图3　74LS190连成七进制计数器

(2) 观察输出端变化，画出状态转换图。

(3) 用清零法将74LS393连成十二进制计数器，画出设计电路并接线验证，画出状态转换图。

3. 利用计数器构成分频器

(1) N位二进制计数器能够完成时钟信号CP的 2^N 分频。按图4所示电路接线，利用74LS393构成四分频器，从 Q_1 端输出。

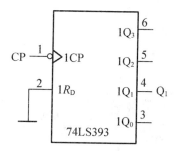

图4　74LS393构成四分频器

(2) 用示波器观察CP和 Q_1 的波形，画出波形图。

(3) 分别观察若从其他端子输出可以构成几分频。画出波形图,

四、实验报告

1. 整理实验数据,画出实验内容要求的图形。
2. 对实验结果进行分析。
3. 总结集成计数器使用特点。

五、思考题

1. 如何用 74LS190 构成 100 进制计数器?
2. 74LS393 能否使用置数法连成十二进制计数器?

参 考 文 献

[1]邹玲，姚齐国. 电路理论[M]. 武汉：华中科技大学出版社，2006.

[2]邱关源. 电路[M]. 5 版. 北京：高等教育出版社，2006.

[3]胡翔骏. 电路分析[M]. 2 版. 北京：高等教育出版社，2007.

[4]邹玲，刘松龄. 电路理论学习与考研指导[M]. 武汉：华中科技大学出版社，2007.

[5]李翰荪. 电路分析基础（第 4 版）学习指导[M]. 北京：高等教育出版社，2007.

[6]康华光，陈大钦. 电子技术基础(模拟部分) [M]. 4 版. 北京：高等教育出版社，1999.

[7]沈尚贤. 电子技术导论[M]. 北京：高等教育出版社，1985.

[8]谢嘉奎. 电子线路[M]. 4 版. 北京：高等教育出版社，1999.

[9]冯民昌. 模拟集成电路系统[M]. 2 版. 北京：中国铁道出版社，1998.

[10]汪惠，王志华. 电子电路的计算机辅助分析与设计方法[M]. 北京：清华大学出版社，1996.

[11]吴运昌. 模拟集成电路原理与应用[M]. 广州：华南理工大学出版社，1995.

[12]沙占友，李学芝，邱凯. 新型数字电压表原理与应用[M]. 北京：国防工业出版社，2006.

[13]王汝君，钱秀珍. 模拟集成电子电路[M]. 南京：东南大学出版社，1993.

[14]陈大钦，杨华. 模拟电子技术基础[M]. 北京：高等教育出版社，2000.

[15]杨素行. 模拟电子电路[M]. 北京：中央广播电视大学出版社，1994.

[16]杨素行. 模拟电子技术简明教程[M]. 2 版. 北京：高等教育出版社，1998.

[17]童诗白. 模拟电子技术基础[M]. 2 版. 北京：高等教育出版社，1988.

[18]童诗白. 模拟电子技术基础[M]. 北京：人民教育出版社，1983.

[19]华成英. 电子技术[M]. 北京：中央广播电视大学出版社，1996.

[20]A. J. Peyton V. Walsh. Analogue electronics with Op Amps:a source book of practical[M]. New york：Campridge university press，1993.

[21]Jacob Millman and Arvin Grabel. Microelectronics[M]. 2nd ed. New York: Mcgraw Hill，1987.

[22]Adel S. Sedra，Kenneth C. Smith. Microelectronic Circuit[M]. 2nd ed. Hoil Rinehart and Winston，1987.

[23]Jacob Millman，Arvin Grabel. Microelectronics[M]. 2nd ed. New York: Mcgraw Hill，1987.

北京大学出版社本科计算机系列实用规划教材

序号	标准书号	书　名	主编	定价	序号	标准书号	书　名	主编	定价
1	7-301-10511-5	离散数学	段禅伦	28	38	7-301-13684-3	单片机原理及应用	王新颖	25
2	7-301-10457-X	线性代数	陈付贵	20	39	7-301-14505-0	Visual C++程序设计案例教程	张荣梅	30
3	7-301-10510-X	概率论与数理统计	陈荣江	26	40	7-301-14259-2	多媒体技术应用案例教程	李　建	30
4	7-301-10503-0	Visual Basic 程序设计	闵联营	22	41	7-301-14503-6	ASP .NET 动态网页设计案例教程(Visual Basic .NET 版)	江　红	35
5	7-301-10456-9	多媒体技术及其应用	张正兰	30	42	7-301-14504-3	C++面向对象与 Visual C++程序设计案例教程	黄贤英	35
6	7-301-10466-8	C++程序设计	刘天印	33	43	7-301-14506-7	Photoshop CS3 案例教程	李建芳	34
7	7-301-10467-5	C++程序设计实验指导与习题解答	李　兰	20	44	7-301-14510-4	C++程序设计基础案例教程	于永彦	33
8	7-301-10505-4	Visual C++程序设计教程与上机指导	高志伟	25	45	7-301-14942-3	ASP .NET 网络应用案例教程(C# .NET 版)	张登辉	33
9	7-301-10462-0	XML 实用教程	丁跃潮	26	46	7-301-12377-5	计算机硬件技术基础	石　磊	26
10	7-301-10463-7	计算机网络系统集成	斯桃枝	22	47	7-301-15208-9	计算机组成原理	娄国焕	24
11	7-301-10465-1	单片机原理及应用教程	范立南	30	48	7-301-15463-2	网页设计与制作案例教程	房爱莲	36
12	7-5038-4421-3	ASP .NET 网络编程实用教程(C#版)	崔良海	31	49	7-301-04852-8	线性代数	姚喜妍	22
13	7-5038-4427-2	C 语言程序设计	赵建锋	25	50	7-301-15461-8	计算机网络技术	陈代武	33
14	7-5038-4420-5	Delphi 程序设计基础教程	张世明	37	51	7-301-15697-1	计算机辅助设计二次开发案例教程	谢安俊	26
15	7-5038-4417-5	SQL Server 数据库设计与管理	姜　力	31	52	7-301-15740-4	Visual C# 程序开发案例教程	韩朝阳	30
16	7-5038-4424-9	大学计算机基础	贾丽娟	34	53	7-301-16597-3	Visual C++程序设计实用案例教程	于永彦	32
17	7-5038-4430-0	计算机科学与技术导论	王昆仑	30	54	7-301-16850-9	Java 程序设计案例教程	胡巧多	32
18	7-5038-4418-3	计算机网络应用实例教程	魏　峥	25	55	7-301-16842-4	数据库原理与应用(SQL Server 版)	毛一梅	36
19	7-5038-4415-9	面向对象程序设计	冷英男	28	56	7-301-16910-0	计算机网络技术基础与应用	马秀峰	33
20	7-5038-4429-4	软件工程	赵春刚	22	57	7-301-15063-4	计算机网络基础与应用	刘远生	32
21	7-5038-4431-0	数据结构(C++版)	秦　锋	28	58	7-301-15250-8	汇编语言程序设计	张光长	28
22	7-5038-4423-2	微机应用基础	吕晓燕	33	59	7-301-15064-1	网络安全技术	骆耀祖	30
23	7-5038-4426-4	微型计算机原理与接口技术	刘彦文	26	60	7-301-15584-4	数据结构与算法	佟伟光	32
24	7-5038-4425-6	办公自动化教程	钱　俊	30	61	7-301-17087-8	操作系统实用教程	范立南	36
25	7-5038-4419-1	Java 语言程序设计实用教程	董迎红	33	62	7-301-16631-4	Visual Basic 2008 程序设计教程	隋晓红	34
26	7-5038-4428-0	计算机图形技术	龚声蓉	28	63	7-301-17537-8	C 语言基础案例教程	汪新民	31
27	7-301-11501-5	计算机软件技术基础	高　巍	25	64	7-301-17397-8	C++程序设计基础教程	郁亚辉	30
28	7-301-11500-8	计算机组装与维护实用教程	崔明远	33	65	7-301-17578-1	图论算法理论、实现及应用	王桂平	54
29	7-301-12174-0	Visual FoxPro 实用教程	马秀峰	29	66	7-301-17964-2	PHP 动态网页设计与制作案例教程	房爱莲	42
30	7-301-11500-8	管理信息系统实用教程	杨月江	27	67	7-301-18514-8	多媒体开发与编程	于永彦	35
31	7-301-11445-2	Photoshop CS 实用教程	张　瑾	28	68	7-301-18538-4	实用计算方法	徐亚平	24
32	7-301-12378-2	ASP .NET 课程设计指导	潘志红	35	69	7-301-18539-1	Visual FoxPro 数据库设计案例教程	谭红杨	35
33	7-301-12394-2	C# .NET 课程设计指导	龚自霞	32	70	7-301-19313-6	Java 程序设计案例教程与实训	董迎红	45
34	7-301-13259-3	VisualBasic .NET 课程设计指导	潘志红	30	71	7-301-19389-1	Visual FoxPro 实用教程与上机指导（第 2 版）	马秀峰	40
35	7-301-12371-3	网络工程实用教程	汪新民	34	72	7-301-19435-5	计算方法	尹景本	28
36	7-301-14132-8	J2EE 课程设计指导	王立丰	32	73	7-301-19388-4	Java 程序设计教程	张剑飞	35
37	7-301-21088-8	计算机专业英语(第 2 版)	张　勇	42	74	7-301-19386-0	计算机图形技术(第 2 版)	许承东	44

75	7-301-15689-6	Photoshop CS5 案例教程(第 2 版)	李建芳	39	81	7-301-20630-0	C#程序开发案例教程	李挥剑	39
76	7-301-18395-3	概率论与数理统计	姚喜妍	29	82	7-301-20898-4	SQL Server 2008 数据库应用案例教程	钱哨	38
77	7-301-19980-0	3ds Max 2011 案例教程	李建芳	44	83	7-301-21052-9	ASP.NET 程序设计与开发	张绍兵	39
78	7-301-20052-0	数据结构与算法应用实践教程	李文书	36	84	7-301-16824-0	软件测试案例教程	丁宋涛	28
79	7-301-12375-1	汇编语言程序设计	张宝剑	36	85	7-301-20328-6	ASP. NET 动态网页案例教程(C#.NET 版)	江红	45
80	7-301-20523-5	Visual C++程序设计教程与上机指导(第 2 版)	牛江川	40	86	7-301-16528-7	C#程序设计	胡艳菊	40

北京大学出版社电气信息类教材书目(已出版)
欢迎选订

序号	标准书号	书 名	主编	定价	序号	标准书号	书 名	主编	定价
1	7-301-10759-1	DSP 技术及应用	吴冬梅	26	38	7-5038-4400-3	工厂供配电	王玉华	34
2	7-301-10760-7	单片机原理与应用技术	魏立峰	25	39	7-5038-4410-2	控制系统仿真	郑恩让	26
3	7-301-10765-2	电工学	蒋 中	29	40	7-5038-4398-3	数字电子技术	李 元	27
4	7-301-19183-5	电工与电子技术(上册)(第2版)	吴舒辞	30	41	7-5038-4412-6	现代控制理论	刘永信	22
5	7-301-19229-0	电工与电子技术(下册)(第2版)	徐卓农	32	42	7-5038-4401-0	自动化仪表	齐志才	27
6	7-301-10699-0	电子工艺实习	周春阳	19	43	7-5038-4408-9	自动化专业英语	李国厚	32
7	7-301-10744-7	电子工艺学教程	张立毅	32	44	7-5038-4406-5	集散控制系统	刘翠玲	25
8	7-301-10915-6	电子线路 CAD	吕建平	34	45	7-301-19174-3	传感器基础(第2版)	赵玉刚	30
9	7-301-10764-1	数据通信技术教程	吴延海	29	46	7-5038-4396-9	自动控制原理	潘 丰	32
10	7-301-18784-5	数字信号处理(第2版)	阎 毅	32	47	7-301-10512-2	现代控制理论基础(国家级十一五规划教材)	侯媛彬	20
11	7-301-18889-7	现代交换技术(第2版)	姚 军	36	48	7-301-11151-2	电路基础学习指导与典型题解	公茂法	32
12	7-301-10761-4	信号与系统	华 容	33	49	7-301-12326-3	过程控制与自动化仪表	张井岗	36
13	7-301-19318-1	信息与通信工程专业英语(第2版)	韩定定	32	50	7-301-12327-0	计算机控制系统	徐文尚	28
14	7-301-10757-7	自动控制原理	袁德成	29	51	7-5038-4414-0	微机原理及接口技术	赵志诚	38
15	7-301-16520-1	高频电子线路(第2版)	宋树祥	35	52	7-301-10465-1	单片机原理及应用教程	范立南	30
16	7-301-11507-7	微机原理与接口技术	陈光军	34	53	7-5038-4426-4	微型计算机原理与接口技术	刘彦文	26
17	7-301-11442-1	MATLAB 基础及其应用教程	周开利	24	54	7-301-12562-5	嵌入式基础实践教程	杨 刚	30
18	7-301-11508-4	计算机网络	郭银景	31	55	7-301-12530-4	嵌入式 ARM 系统原理与实例开发	杨宗德	25
19	7-301-12178-8	通信原理	隋晓红	32	56	7-301-13676-8	单片机原理与应用及 C51 程序设计	唐 颖	30
20	7-301-12175-7	电子系统综合设计	郭 勇	25	57	7-301-13577-8	电力电子技术及应用	张润和	38
21	7-301-11503-9	EDA 技术基础	赵明富	22	58	7-301-20508-2	电磁场与电磁波(第2版)	邬春明	30
22	7-301-12176-4	数字图像处理	曹茂永	23	59	7-301-12179-5	电路分析	王艳红	38
23	7-301-12177-1	现代通信系统	李白萍	27	60	7-301-12380-5	电子测量与传感技术	杨 雷	35
24	7-301-12340-9	模拟电子技术	陆秀令	28	61	7-301-14461-9	高电压技术	马永翔	28
25	7-301-13121-3	模拟电子技术实验教程	谭海曙	24	62	7-301-14472-5	生物医学数据分析及其MATLAB实现	尚志刚	25
26	7-301-11502-2	移动通信	郭俊强	22	63	7-301-14460-2	电力系统分析	曹 娜	35
27	7-301-11504-6	数字电子技术	梅开乡	30	64	7-301-14459-6	DSP 技术与应用基础	俞一彪	34
28	7-301-18860-6	运筹学(第2版)	吴亚丽	28	65	7-301-14994-2	综合布线系统基础教程	吴达金	24
29	7-5038-4407-2	传感器与检测技术	祝诗平	30	66	7-301-15168-6	信号处理 MATLAB 实验教程	李 杰	20
30	7-5038-4413-3	单片机原理及应用	刘 刚	24	67	7-301-15440-3	电工电子实验教程	魏 伟	26
31	7-5038-4409-6	电机与拖动	杨天明	27	68	7-301-15445-8	检测与控制实验教程	魏 伟	24
32	7-5038-4411-9	电力电子技术	樊立萍	25	69	7-301-04595-4	电路与模拟电子技术	张绪光	35
33	7-5038-4399-0	电力市场原理与实践	邹 斌	24	70	7-301-15458-8	信号、系统与控制理论(上、下册)	邱德润	70
34	7-5038-4405-8	电力系统继电保护	马永翔	27	71	7-301-15786-2	通信网的信令系统	张云麟	24
35	7-5038-4397-6	电力系统自动化	孟祥忠	25	72	7-301-16493-8	发电厂变电所电气部分	马永翔	35
36	7-5038-4404-1	电气控制技术	韩顺杰	22	73	7-301-16076-3	数字信号处理	王震宇	32
37	7-5038-4403-4	电器与 PLC 控制技术	陈志新	38	74	7-301-16931-5	微机原理与接口技术	肖洪兵	32

序号	标准书号	书　名	主　编	定价	序号	标准书号	书　名	主　编	定价
75	7-301-16932-2	数字电子技术	刘金华	30	96	7-301-19175-0	单片机原理与接口技术	李　升	46
76	7-301-16933-9	自动控制原理	丁　红	32	97	7-301-19320-4	移动通信	刘维超	39
77	7-301-17540-8	单片机原理及应用教程	周广兴	40	98	7-301-19447-8	电气信息类专业英语	缪志农	40
78	7-301-17614-6	微机原理及接口技术实验指导书	李干林	22	99	7-301-19451-5	嵌入式系统设计及应用	邢吉生	44
79	7-301-12379-9	光纤通信	卢志茂	28	100	7-301-19452-2	电子信息类专业 MATLAB 实验教程	李明明	42
80	7-301-17382-4	离散信息论基础	范九伦	25	101	7-301-16914-8	物理光学理论与应用	宋贵才	32
81	7-301-17677-1	新能源与分布式发电技术	朱永强	32	102	7-301-16598-0	综合布线系统管理教程	吴达金	39
82	7-301-17683-2	光纤通信	李丽君	26	103	7-301-20394-1	物联网基础与应用	李蔚田	44
83	7-301-17700-6	模拟电子技术	张绪光	36	104	7-301-20339-2	数字图像处理	李云红	36
84	7-301-17318-3	ARM 嵌入式系统基础与开发教程	丁文龙	36	105	7-301-20340-8	信号与系统	李云红	29
85	7-301-17797-6	PLC 原理及应用	缪志农	26	106	7-301-20505-1	电路分析基础	吴舒辞	38
86	7-301-17986-4	数字信号处理	王玉德	32	107	7-301-20506-8	编码调制技术	黄　平	26
87	7-301-18131-7	集散控制系统	周荣富	36	108	7-301-20763-5	网络工程与管理	谢　慧	39
88	7-301-18285-7	电子线路 CAD	周荣富	41	109	7-301-20845-8	单片机原理与接口技术实验与课程设计	徐懂理	26
89	7-301-16739-7	MATLAB 基础及应用	李国朝	39	110	301-20725-3	模拟电子线路	宋树祥	38
90	7-301-18352-6	信息论与编码	隋晓红	24	111	7-301-21058-1	单片机原理与应用及其实验指导书	邵发森	44
91	7-301-18260-4	控制电机与特种电机及其控制系统	孙冠群	42	112	7-301-20918-9	Mathcad 在信号与系统中的应用	郭仁春	30
92	7-301-18493-6	电工技术	张　莉	26	113	7-301-20327-9	电工学实验教程	王士军	34
93	7-301-18496-7	现代电子系统设计教程	宋晓梅	36	114	7-301-16367-2	供配电技术	王玉华	49
94	7-301-18672-5	太阳能电池原理与应用	靳瑞敏	25	115	7-301-20351-4	电路与模拟电子技术实验指导书	唐　颖	26
95	7-301-18314-4	通信电子线路及仿真设计	王鲜芳	29					

请登录 www.pup6.cn 免费下载本系列教材的电子书(PDF 版)、电子课件和相关教学资源。

欢迎免费索取样书，并欢迎到北京大学出版社来出版您的著作，可在 www.pup6.cn 在线申请样书和进行选题登记，也可下载相关表格填写后发到我们的邮箱，我们将及时与您取得联系并做好全方位的服务。

联系方式：010-62750667，pup6_czq@163.com，szheng_pup6@163.com，linzhangbo@126.com，欢迎来电来信咨询。